中国を封じ込めよ！

◉目次

第三章　日本の生きる道は？

はじめに

戦争に関し、思考することまで停止状態にあった日本は今、米中新冷戦の最前線に立たされ、戦後最も厳しい安全保障環境に置かれている。歴史的な蛮行に及んだプーチン大統領と同じ過ちを、習近平主席が犯さないという保証は誰もできなくなっている中、日本有事を意味する台湾有事の危険性が日々高まっている。日本が太平の眠りから覚め、どうすれば戦争を抑止できるのかについて真剣に考え、行動を起こさなければ、私たちの子孫に対しての責任をとれなくなるほどの厳しい状況に直面している。

二〇二二年十二月十六日、岸田文雄内閣は、「戦略三文書（国家安全保障戦略、国家防衛戦略、防衛力整備計画）」を閣議決定し、安全保障政策上、戦後最大の転換を図った。そして二〇二三年一月十二日、日米の外務・防衛閣僚は安全保障協議を行い、日米同盟強化の歴史においても最高度の連携をとることを確認した。やっと眠りから覚めたと認識したい。

本書は、日本の置かれた危機的な状況について説明し、安全保障力強化の必要性をご理解頂くための一助になればと思い執筆した。

最初に、ウクライナ戦争の教訓から日本が学ぶべきことを述べる。ウクライナ戦争については中国の習近平主席も分析しているだろうから、中国の視点も含めて、生起するかもしれない戦争にどう備えていくべきなのかを述べたい。次いで、今、様々な場で話題になっている、「台湾有事は日本有事」の実態を説明したい。三年前に飛鳥新社から出版した『中国、日本侵攻のリアル』でもこの認識を述べたが、当時はまだ広がりを見せていなかった。そもそも台湾有事が起こるのか、という危機認識の違いがあったものと思う。

しかし、二〇二一年四月、菅総理とバイデン大統領の日米首脳会談において、台湾海峡の危機認識が共有されるとともに、同年三月、米国議会においても、デービッドソン前米インド・太平洋軍司令官が、二〇二七年ころまでに中台紛争が生起する可能性を指摘した。この頃から、メディア報道も含め、中国と台湾との間の緊迫した状況が日本全体に認識され始めた。

だが、中台紛争が生起した際、「日本は巻き込まれる」という論調が主体であり、「日本が戦争の当事者になる」という認識の共有はまだ十分ではないように思える。このため、日本が当事者として、中台紛争に備えなければならないという状況、まさに安倍元総理も言及されていた、「台湾有事は日本有事、日米同盟有事」となる状況について説明したい。その上で、では今後日本は、どうすべきなのかを提示する。二〇二二年十二月に閣議決定された「戦略三文書」に関する評価も含め、筆者なりの視点で、在るべき国家戦略についても述べたい。

元陸上幕僚長　岩田清文

第一章

ロシア・ウクライナ戦争から何を学ぶか

上下の意思疎通ができないロシア

二〇二二年二月二十四日未明（モスクワ時間）、ロシアはウクライナに攻め込んだ。侵略当初のプーチン大統領の目的は、ゼレンスキー政権の転覆であり、ウクライナの中立化・ロシア化を図ることであった。約十四万人のウクライナ陸軍に対し、国境を越えて侵略したロシア陸軍は約十九万人。その兵力比からすれば、およそ勝てるはずがない。対戦車壕（ごう）や歩兵が隠れる塹壕（ざんごう）を掘り、あるいは市街地のビルの活用など、地形を戦力として味方につけられる防御側のウクライナ軍に対して、攻撃側のロシアは、戦術的常識からは、通常約三倍、少なくとも四十万人以上の地上兵力が必要である。

その上、北はベラルーシ方向からウクライナの首都キーウ（キエフ）に対し、そして北東部はウクライナ第二の都市ハリキウに対し、更に東部はドネツク・ルハンシク両州、南部ザポリージャ・ヘルソン両州に対し、少ない兵力を分散して四方から攻め込んでいる。通常、最も重要な正面に敵に優る戦力を集中するため、他の正面の戦力は節用するという戦術の原則にも反している。

ましてや、戦争開始直前にも報道されたが、ロシア軍は二日間で首都キーウを陥落させようとしていた。戦術的に、「街は兵を呑む」と言われる。ビルに潜み、ゲリラ的に反撃する敵を殲滅(せんめつ)するには、ビルの各階の部屋毎、虱潰(しらみつぶ)しに掃討(そうとう)していくか、あるいは今回のロシア軍の戦法のように、ミサイル・砲撃によって、ビルごと破壊していく。

いずれにしても、都市部に対する攻撃は時間がかかる。大阪市と同規模、三百万人足らずの人口を抱える首都キーウからウクライナ軍を一人残らず掃討するなど、弾がいくらあっても足りないし、時間もかかる。普通の軍の将校なら、こんなことは自明の理である。「戦略の失敗は戦術では補えない」と言われるが、ロシア軍の戦略・作戦の失敗は、戦争開始一カ月後の三月末、作戦目的を変更し、キーウ正面から東部・南部正面に転戦したことからも明らかである。

このような戦略・作戦レベルでの失敗をした要因は、おそらく、プーチン大統領と軍部との意思疎通がとれていなかったからだと思われる。理想とされる政治と軍事の関係は、政治目的を達成するため、軍部が軍事的合理性に基づいた実行可能なオプションを政治に提示する。次いで政治が、提示された軍事的オプションから、政治的合理性を含めて総合的に判断する。この政軍関係の調整過程を踏んでいれば、軍事的合理性のない、実現不可能な二日間キーウ攻略作戦は実行されなかったはずである。

もっとも、それ以前の問題として、ロシアの対外情報組織は、進軍すれば、ウクライナ政府・国民は、ロシア国旗を振って迎えてくれるとプーチン大統領に報告をしていたようである。要するに、ウクライナの意思を見誤っていたのである。

作戦を練る際の前提である敵ウクライナ政府・軍の動向見積もりが誤っていれば、まともな作戦も立てられない。しかし、それでも普通の軍隊なら、二日間で首都を制圧できない場合の対応は、Bプラン（代替の作戦計画）として全般の作戦指導計画に盛り込むはずだが、ロシア軍がBプランを準備していたような形跡は、その後の行動からは見当たらない。

これは、プーチンの独裁的な政権が、およそ十八年にも及び、だれも反対意見を述べられない上下関係の中、いわゆるイエスマンたちがプーチン大統領に耳ざわりのいい意見ばかりを提出、「殿、ご乱心を！」と大統領を諫（いさ）める言葉を誰も発しなくなっていたからであろう。この上下関係においては、政治と軍事・情報の適切な関係が保たれることはない、独裁国家には、よく起こる事象である。

やはり国連は戦争を抑止できなかった

国連は戦争を抑止できない。このことは前々から分かっていたが、それが今回、改めて証明された。ロシアは国連常任理事国、核保有大国としての責任を放棄した国だ。この戦争が落ち着いたら、安保理改革を行い、ロシアは常任理事国から追放すべきである。その際、常任理事国の責務的な条項も加えることにより、中国に対し、中台紛争に踏み切る抑止効果を高める工夫も必要と考える。

だが、こうした措置にロシアと中国が賛成するはずもなく、実行の可能性は低いものと思われるが、たとえそうであったとしても、国連改革を要求する行為だけは絶えることなく継続していくことが、中国を抑止することにも繋がる。

国連が機能しない代わりに、今回、有効であったのは、自由主義諸国の結束力である。特に、アメリカ・NATOを含めた国々が、武器・弾薬支援をはじめ、様々な支援をウクライナに提供することにより、ウクライナは防衛作戦を継続できている。

元々、ウクライナの軍事力は小さく、陸軍は十四万人程度、陸上自衛隊とほぼ同規模である。ロシア陸軍は約二十八万人であり、陸軍に関してはロシアの半数ほどの勢力を保有するが、空軍に至っては十分の一。海軍はほとんど戦力がないという状況にあった。戦争が始まる前は、ウクライナは長い期間の戦争遂行には耐えられないと予測していたが、いまだにウクライナが持ちこたえ、そして戦争開始六カ月後の九月上旬、攻勢に転じることができたのは、アメリカ・NATO等からの軍事・経済支援があったからこそだ。

習主席は、ロシアに肩入れして国際社会からとばっちりをうけないよう、ロシアとは一定の距離を保ちながら対ロ外交を展開すると同時に、この戦争から多くの事を学んでいると予測できる。

学びの視点は、もちろん台湾侵攻を成功させるための重要な鍵である。たとえば、戦争が長引けば長引くほど国際社会の反発を受け、経済制裁を含めて戦争を仕掛けたほうが不利になる。したがって、台湾侵攻に際しては、努めてすみやかに戦争を終結させるため、軍事的な攻撃に併せて、台湾の政権を転覆させる方策を練っているだろう。

ロシアは二月二十四日の侵攻直後、特殊部隊をキーウ市郊外のホストーメリ空港に空輸して、ゼレンスキー大統領を急襲・拘束し、ロシア側に寝返らせる計画だったと聞く。しかし、この作戦を事前に察知したウクライナ側が、この特殊部隊を空港降着後に攻撃してほぼ壊滅させたため、ゼレンスキー大統領の首は繋がった。このロシアの急襲作戦が成功していれば、今頃はウクライナがプーチン大統領の手に落ちていた可能性がある。

中国人民解放軍は、台湾侵攻時、台湾総統の斬首作戦を計画しており、中国国内に建設した台湾総統府の模擬施設において、特殊部隊による予行演習を繰り返しているとされる。おそらく習主席は、この斬首作戦が確実に実行されるよう、軍に檄(げき)を飛ばしていることだろう。

頼りは国連ではなく、同盟

ウクライナは、開戦当初から、いざという時に頼れる国を持たない、すなわち同盟国のない悲哀を感じていたに違いない。同盟関係が戦争を抑止する事実は、今回、多くの人々が再認識されたことと思う。

図1にあるように、ロシアと国境を接するエストニア、ラトビア、そしてロシアの同盟国ベラルーシと国境を接するリトアニア、ポーランド、さらに黒海を隔(へだ)ててロシアに近いルーマニアには、米軍あるいはＮＡＴＯ軍が駐留しており、さすがのロシアも手出しでき

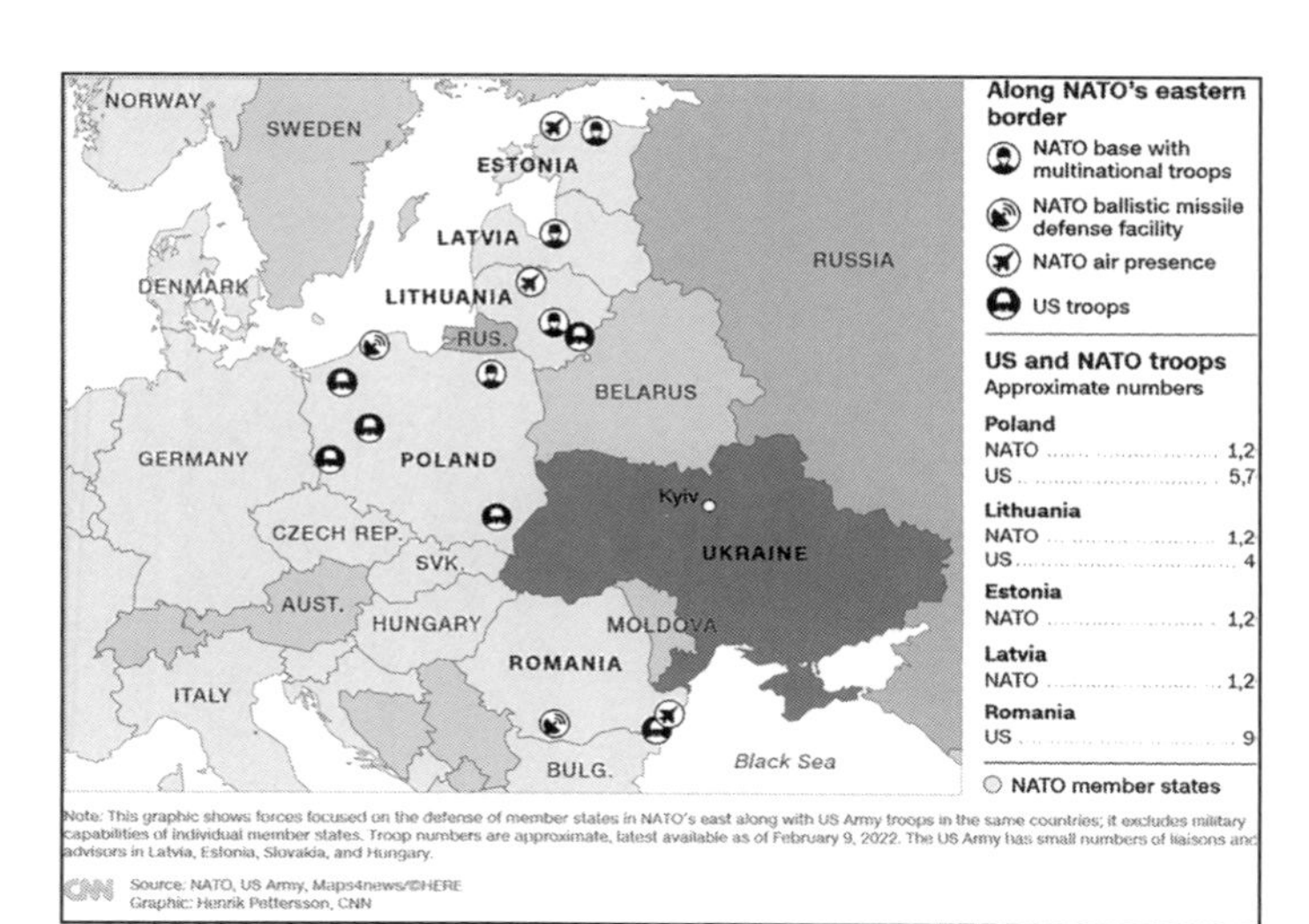

図1

ない。

今回、その同盟上の空白地域となったウクライナが攻め込まれたわけだが、そのウクライナは、同盟国がないという問題を認識していたからこそ、NATO加盟を求めてきた。しかし、プーチン大統領からすれば、ロシアの腹部に突き刺さる位置関係にあるウクライナがNATOに加盟すると、大きな安全保障上の脅威となる。絶対に加入させないという強い拒否意識が働いてきた。今回の戦争は、このNATO加盟をめぐる攻防において、ロシア側の脅威認識の許容度が限界に達し、ロシアが侵攻したという見方もできる。

ただ、NATO側から見れば、戦争開始

以前の段階から、ウクライナのNATO加盟は認めない方向で一致しており、その意味ではプーチン大統領の懸念は当たらない。しかし、戦争とは、まさに両国指導者の疑心暗鬼の中から生じてくるものであることを認識する必要があろう。そもそもプーチン大統領の戦争目的が、「ウクライナのロシア化、中立化」にあるため、NATO加盟に関してはあくまでも口実であるという見方の方が的を射ていると思う。

ロシアと一千三百キロにわたる国境を接するフィンランドは、一九三九年以降二回にわたりソ連から軍事侵攻を受けている。しかしながら、ロシアを刺激することを避けるため、これまでNATOには加盟していなかった。加盟申請に踏み切った二〇二二年五月、マリン首相は、「ロシアを隣にする中で私たちだけで平和な未来はない。これはフィンランドで戦争を起こさせないための行動だ」と強調している。またフィンランドの西側に位置するスウェーデンはロシアと国境は接していないものの、ロシアの脅威を認識し、約二百年にわたる軍事的中立政策を転換して、フィンランド同様、NATOに加盟を申請した。二〇二二年五月の両国の申請を受け、同年六月、NATO首脳会議において、各国が加盟手続きを正式に始めることで合意した。加盟のための議定書は、NATO加盟国・三十カ国で批准（ひじゅん）される必要があるため、現在各国においてその手続きが進んでいる。トルコの否定的な姿勢により、批准が遅れていたが、二〇二三年四月四日、フィンランドが先行加盟した。五月のトルコ大統領選挙が終われば、スウェーデンもいずれ批准されることになるだろう。まさに今や、「頼りは国連ではなく、同盟」なのである。

これまで日本では、安全保障政策の議論の度に、日米同盟が戦争に巻き込むという論調が盛んに繰り返されてきたが、今回の戦争が示した、「同盟が戦争を抑止している」という現実を学ぶべきである。

同時に、習主席も学んでいるに違いないが、同盟という観点では、中国も同様、孤立無援の国である。中国がいくら頑張っても真の同盟国は持てないであろう。同盟の基本は、国家としての価値観の共有である。自由、民主主義、人権、法の支配など、基本的・普遍的価値観が共有できる国同士だからこそ、お互いを信頼し尊敬できる関係になれる。その上で、いざという時に相互に助け合ってもいいと感じる国民意識が基礎となり、加えて、お互いが持つ軍事力・経済力や、領土が持つ地政学上の価値が、相互にとって意味のあることが重要である。

もちろん、最後は国益が最優先され、同盟関係があろうとも、国益にそぐわない場合は、同盟関係はただの紙切れとなって崩れ去る。同時に、自らが命を懸けて守る覚悟がある国を同盟国は助けようとする。このことを忘れてはならない。
二〇二二年十月の第二十回共産党大会において、習近平主席は、建国百年の二〇四九年ごろまでに達成するとしていた「世界一流の軍隊建設」の目標時期の前倒しを表明するなど、強軍政策を進めている。強大になりつつある中国を抑止するには、束になって対応するしかない。無勢という中国の弱みに対して、同盟国による多勢で対応していくことが重要である。

少し論点は変わるが、バイデン米大統領の発言がプーチン大統領の侵攻判断に与えた影響を見てみたい。バイデン大統領は、二〇二一年十二月八日、ロシアが侵攻した場合に米軍をウクライナに派遣することは「検討していない」と述べた。その一方で、ロシアが実際に侵攻すれば深刻な結果を招くことになることも警告している。その前日には、バイデン大統領は、プーチン大統領とビデオ会談を実施している。ウクライナの東側国境に沿って大幅に軍を増強させていることを受けたもので、同地域の緊張を緩和させるのが目的だった。

その後、二〇二二年二月十日、バイデン大統領は、ロシアがウクライナに侵攻した場合、同国内にとどまる米国民の退避のために米軍を派遣する考えはないと言明した。その理由として「米国とロシアが互いに発砲を始めれば世界戦争になる」と述べ、何らかの形で米ロの衝突に発展するリスクを避ける考えを強調し、ウクライナ国内の米国人はすみやかに退避するよう求めた。

このように、バイデン大統領は早々に派兵をしないことを表明し、警告を発するものの、継続してウクライナへの軍事派兵に消極的な姿勢を示してしまった。戦争を抑止するという観点からは、本来は、「すべての選択肢がテーブル上にある」と強い姿勢を示すことが外交上の常識である。バイデン大統領が、この常識を顧（かえり）みず派兵を否定した背景には、アメリカ世論の多くが、派兵はすべきではないという論調にあったことも影響しているようである。バイデン大統領は世論に応えるために、派兵はしないと発言してしまった。小国の首脳であればともかく、世界を牽引（けんいん）するリーダーとしては問題である。

加えて、バイデン大統領は二〇二二年一月十九日の会見で、「ロシアの侵入が小規模にとどまった場合、どのような対応を取るべきか、同盟国間で争いが起きる」と述べ、あたかも、「小規模な侵入」であればロシアへの制裁が弱まるとも受け取れる発言をしたことに波紋が広がった。結果的に、これらがプーチン大統領の判断に影響を与え、「攻め込んでも米軍は来ない」「米欧の連携も一枚岩ではない」と思わせたことは否めない。

なぜこういう発言をしたのか。バイデン大統領の発言の背景には、米国の国家安全保障戦略がある。二〇一七年十二月、トランプ政権が公表した国家安全保障戦略における対中認識はオバマ政権が継続してきた関与政策から転換し、中国と対峙(たいじ)していくという厳しいものになった。その後のバイデン政権においても、二〇二一年三月に公表された国家安全保障戦略暫定指針の中で、中国を競争国としてとらえ、アジア正面(=地域)を重視する戦略正面としている。

またその後、二〇二二年十月に発表された国家安全保障戦略においても、中国に関し「国際秩序を変える能力と意図を持ち、そのためのより大きな経済力、外交力、軍事力、技術力を持っている唯一の競争相手」としている。米国としては、その競争の主体である中国正面に軍事力も含め集中したい、ウクライナに囚(とら)われたくないという考えがあった。ウクライナ国民には申し訳ないが、中国重視の米国の考え方は、日本としては歓迎すべきであり、継続して協調していくべきである。同時に、習近平主席は、米軍がウクライナに派兵することを望んでいたはずで、結果的には落胆しているであろう。

力には力でしか対応できない現実

二月二十四日の侵攻にいたるまで、長い期間、外交努力は続けられ、また経済制裁に関しても適時にロシアに対して圧力をかけてきたものの、結果的には、戦争を抑止することはできなかった。

そもそも、ウクライナの安全は、一九九四年に署名された「ブダペスト覚書」において、米英ロ三カ国により保障されるはずであった。覚書の背景は、ウクライナが保有していた核兵器廃棄である。冷戦終了時の一九九一年、ウクライナは一千八百発の核兵器を保有していた。冷戦時代は、ウクライナは第三位の核大国だったのである。これをNPT（核兵器不拡散条約）体制の下、核兵器保有国を減らしたいアメリカおよびイギリス、ロシアが「ブダペスト覚書」に署名をし、ウクライナの安全を保障する代わりに核兵器の廃棄を迫った。

ウクライナにしてみれば、アメリカ、イギリス、ロシアに自国の安全を委ね、経済成長しようという目論見であったのであろうが、結果として、一千八百発の核兵器を廃棄した二十八年後、ロシアの侵略を受け、核で恫喝されている。助けてくれるはずだった米英には武器・情報等支援に限定され、守ってくれるはずだったロシアに攻め込まれている。核という力を捨て、自国の安全を他国に委ねた皮肉な結果である。

加えて、ウクライナには反撃力もない。ウクライナ国内からロシアの重要な拠点に対して攻撃をする反撃能力、いわゆる敵基地攻撃能力がない。ウクライナのどの場所にミサイルを撃とうが、ロシア国内にはウクライナからの弾は飛んでこない。まさに、ロシアは攻め放題、ウクライナは撃たれ放題の状態である。ウクライナが核を保有し、長射程のミサイルを保有していれば、ここまでの被害は生じなかっただろうし、そもそもプーチン大統領も、全面攻撃は思いとどまったかもしれない。

ウクライナは、やむを得ず、三百キロ先まで届く射程の自律誘導砲弾兵器M142高機動ロケット砲システム(HIMARS=ハイマース)の供与をアメリカに頼み、ロシアへの反撃に運用している。しかしアメリカは、ハイマースを供与はしたものの、肝心のロケットそのものは、射程三百キロではなく、八十キロまでしか飛ばないロケット弾だけを渡している上、攻撃する目標についても、米軍の了解まで取っていると聞く。

アメリカとしては、ロシア国内への攻撃がエスカレートし、それにアメリカが加担することを避けているのであろう。まさに自国に反撃力がないがために、もらった兵器の運用まで、いちいち注文を付けられているのである。

これに業（ごう）を煮やしたウクライナは、旧ソ連時代の偵察用無人機Ｔｕ（ツポレフ）１４１を攻撃用に改造して、モスクワ国境を越えた攻撃を二回実施した。二〇二二年十二月五日には、モスクワ南東百八十五キロにあるリャザニ州のジャギレボ空軍基地と、モスクワの南東約七百三十キロに位置するサラトフ州のエンゲルス空軍基地の二カ所を攻撃。ジャギレボ空軍基地では滑走路の燃料トラックが爆発し三人が死亡、八人が負傷し、エンゲルス空軍基地では、Ｔｕ95など爆撃機二機を破壊した。

エンゲルス空軍基地は、三十機以上の爆撃機が配備され、ウクライナへのミサイル攻撃にも関わっている戦略上重要な拠点で、ロシア軍にとって大きな打撃となったはずだ。ここはウクライナとの国境から六百キロも離れており、まさに敵国の内陸部まで攻め込み、敵基地攻撃を成功させたことになる。米国のオースティン国防長官は二〇二二年十二月上旬、ウクライナが独自に開発した兵器であれば、ロシアを攻撃することは許容する考えを示しており、今後もこのロシア領内に対する反撃は継続されるであろう。

日本は、この反撃能力、いわゆる敵基地攻撃能力を保有しようとして政府部内及び与野党で長い期間検討されてきたが、ウクライナの教訓からも、独立国家としては必ず必要だ。政府は、二〇二二年十二月十六日の閣議においてこの反撃能力の保有を決定した。日本もやっと独立国として当然の防衛政策ができる国になり、一歩踏み出すことができた。これで抑止力が高まることを大いに期待している。

核兵器が使われる恐怖の時代に突入

これまでは、米ロ両核大国が相互に抑止し合いながら、加えてNPT体制の下、核保有国を増やさないようにしていれば、将来的に核戦争は起こらないだろうというのが一般的な見方であった。ところが今回、その核大国ロシア自らが、核使用を仄めかし恫喝を繰り返している。二〇二二年二月七日、プーチン大統領は、仏マクロン大統領との会談で「ロシアは核保有国だ。その戦争に勝者はいない」と脅した。さらに二月二十四日、ウクライナに対する事実上の侵略開始演説の中で、ロシアは今でも世界最大の核保有国の一つであることを強調した上で、「我が国への直接攻撃は、どんな潜在的な侵略者に対しても、壊滅と悲惨な結果をもたらすであろうことに、疑いの余地はない」と恫喝を繰り返した。

もちろん米ロ両核大国は、今でも相互確証破壊（Mutual Assured Destruction,MAD）関係にあるため、全面核戦争には至らないものと認識している。この「ＭＡＤ」とは、核兵器を保有する二カ国のどちらか一方が、相手国に対し先制的に核兵器を使用した場合、もう一方の国は潜水艦発射弾道ミサイルなど、破壊を免れた核戦力によって確実に報復する力を保有することにより、先に核攻撃を行った国も相手国の核反撃によって甚大な被害を受けることになるため、理論上、核戦争は生起しないというものである。

二〇二二年十月、プーチン大統領は、「陸海空の戦略抑止力の訓練を指導した」として弾道ミサイル及び巡航ミサイルを発射したと報道されているが、併せて米国防総省の報道官は、同月二十五日に、ロシアから核戦力に関する軍事訓練を行うと事前に連絡があったと明らかにしており、このことからも、戦略核戦力に関しては、今現在も「ＭＡＤ」による抑止構造が保たれていると言えよう。

しかしながら、核兵器を保有しない国に対して、核保有国が非戦略（戦術）核攻撃を実施する可能性が今回浮き彫りになった。たとえば、広島型は約十五キロトン。その広島型よりももっと小さな核弾頭を含め、ロシアは、戦術核を一千数百発保有している。この小型の核を使うぞと脅しているが、米国も含め、誰もこれを止められないのが現実なのである。

バイデン大統領も再三にわたり、ロシアに対して核使用を警告している。二〇二二年十月六日には、ロシアのプーチン大統領による核の脅しがはらむ危険性について厳しい警告を発した。ニューヨークで行われた民主党の資金集め会合で「今の状況が続けば、我々はキューバ危機以来、初めて核兵器使用の脅威に直面する」と訴え、さらに「戦術核兵器を安易に使用して、アルマゲドン（世界最終戦争）に陥らずに済む能力などというものは存在しない」とも述べた。さらに、ホワイトハウスのサリバン国家安全保障問題担当補佐官は二〇二二年九月二十五日の「ミートザプレス」において、ロシアが核兵器を使用した場合は「ロシアに破滅的な結果を与える」と発言し、加えて、これはロシアの当局者との個人的なやりとりを通じてロシア側にはっきりと伝えてあると言明した。

これらの警告がどこまでプーチン大統領を抑制できるかは分からない。功を奏することを期待するしかない。言えることは、冷戦後、最も核兵器が使われる危険性の高い、核の恐怖の時代に入ってしまったということだ。

中国は、この状況を見て、台湾有事において台湾と日本に対しての核恫喝のシナリオを考えていると見るべきだろう。アメリカと同程度の大型の戦略核兵器を持てば、米国との相互確証破壊関係が構築でき、米国との核戦争を回避しつつ、小型の核兵器で、台湾と日本を脅しても、米国は警告しかできない。核の恫喝により、台湾に対しては中国との統一を迫り、日本に対しては、米軍支援の中止を迫ることができると考えているだろう。

事実、米国防総省の議会への報告ペーパー（二〇二一年十一月）は、「二〇二七年までに中国は最大で七百発の核弾頭を保有する可能性があり、また二〇三〇年までに少なくとも一千発の核弾頭の保有を目指している可能性が高い」と報告され、さらに二〇二二年十一月の同報告書では、二〇三五年には一千五百発の核弾頭を保有する可能性を指摘している。また同時に、その核弾頭を運搬する手段としての「核搭載可能な空中発射巡航ミサイル」（ＡＬＢＭ）の開発と、地上配備型および海上配備型の核能力の向上によって、おそらくすでに初期的な「核の三本柱」（地上・海中・空中発射）を確立している、と分析している。まさに戦略核兵器において米国と対等になろうという意志の表れである。

さらに、二〇二二年版防衛白書によれば、現在アメリカは、約三千八百発の核弾頭を保有し、そのうち一千三百八十九発を実戦配備している。その核弾頭を投射する手段としての大陸間弾道ミサイル（ＩＣＢＭ）は米国が四百基、中国が百六基。潜水艦発射弾道ミサイル（ＳＬＢＭ）は米国が二百八十基、中国が七十二基。そして空中発射巡航ミサイルを搭載できる爆撃機は米国が六十六基に対し、中国は百四基となっている。いずれも二〇三〇年までには核弾頭数と併せて増強されてくると見るべきであり、そうなった時、習近平主席が核恫喝する可能性は排除できない。そういう時代が来る可能性があるときに、日本はどう対応するのか。そこまで考えていかなければいけない時代に入ったと考えるべきである。

戦場の霧を晴らすサイバー戦・電子戦(スパイはもう不要?)

今、ウクライナとアメリカが行っている情報戦は、おそらく歴史的に大きな評価を得ると思われるほど、画期的なものだ。ひとつの情報革命と言えるだろう。この情報戦の効力は、サイバー空間と偵察衛星で敵を暴くというものだ。一つは、ロシアが何をやるかをサイバー空間と偵察衛星で確認し、外交や軍の作戦運用に活用する。この具体例は、後ほど紹介する。

もう一つは、「探知による抑止」。耳慣れない言葉だが、簡単に言うと、相手が取ろうとしている行動を事前に摑んでオープンにすることにより、相手の思うつぼに入らないということである。たとえばその一つは偽旗作戦への対応である。偽旗作戦とは、敵に成り済まして行動して結果の責任を相手になすりつける作戦のことを言う。

具体例を示そう。

ウクライナ東部のドネツク州には親ロ派地域がある。ロシア系住民がたくさん住んでおり、ウクライナからの独立を宣言した地域だ。その地域にロシア軍が特殊部隊を使って迫撃砲で攻撃した。これをロシアは、ウクライナ軍の攻撃だと偽って、ＳＮＳ等で情報を流した。確実な情報がないと、本当にどちらが攻撃したのか、直ぐには判別できない。しかし、ウクライナ軍は、ロシア軍が攻撃を企てていることを事前に察知しており、ロシア軍の攻撃があると警告を流していたため、ウクライナ国民、そして国際社会は騙されなかった。ウクライナは、このように、事前にロシア軍等の行動に関する情報をオープンにすることにより、ロシアの作戦に誘導されないように抑止している。

昔は、情報はだいたいスパイ網から得ていた。このため、知り得た情報を表に流すと、敵によるスパイ狩りが始まり、情報源が断たれるため、スパイ情報を外出しすることは慎重にならざるを得なかった。しかし今回、ウクライナは、情報源をロシア政府・軍内部のインターネット空間や偵察衛星から得ているため、スパイ狩りに遭うことはない。こういった情報収集手段の変化によって、「探知による抑止」を実行できることになったと言えよう。

偽旗作戦ではないが、敵の偽情報を速やかに察知し、その情報が嘘、偽りだと周知して、国民や国際社会の誤解、混乱を防ぐことも重要である。ウクライナは、ロシアが流すフェイクニュースを素早く察知して、適切に対応している。たとえば、ゼレンスキー大統領自身のツイートには、スポーツチームのユニフォームを持ったゼレンスキー大統領の写真が掲示されている。ロシアは、この写真の背番号「95」をナチスの「ハーケンクロイツ」に改竄（かいざん）した写真をSNS上で流した。ゼレンスキーはナチズムであり、非ナチ化が必要であることを正当化しようとしたのである。しかし、ウクライナはただちにSNS上で否定して、ロシアの嘘だということを示したため、大きな混乱は起きていない。

もう一つの情報戦の効力は、ウクライナのサイバー組織とアメリカの情報組織が、ロシア政府、軍の動向を察知し、戦況を大きく有利にしたことだ。ロシア政府・軍内部のインターネット空間に侵入し、その通信内容を獲得しているという。おそらく、プーチンの命令をはじめとする、軍内部の命令や指示なども摑んでいるのであろう。

「戦場の霧を晴らす」という言葉がある。有名な戦略家のクラウゼヴィッツが『戦争論』

の中で述べた言葉だ。戦場には霧が垂れ込めていて敵が何をしているか分からない。霧を晴らして敵の動向が分かれば戦争は簡単だという意味だ。今回、サイバー空間で得た情報と偵察衛星で獲得した情報により、戦場の霧を晴らすことができた。

二〇二二年四月、アメリカの前国家情報長官のデニス・ブレア氏が来日した際、今回ウクライナはロシア軍の情報の大半はサイバー空間から取っていると述べた。サイバー空間上で、プーチン大統領が何をやろうとしているかが分かった上で、ロシア軍の展開状況の写真をアメリカの偵察衛星や商業衛星から入手できれば、ロシア軍の動向はだいたい分かるはずだ。敵の行動が読めれば、これほど楽なことはない。孫子曰く「敵を知り、己を知れば、百戦して殆うからず」である。

たとえば、首都キーウ市北側約十キロにアントノフ国際空港（ホストーメリ空港）がある。ロシア軍の計画は、侵攻開始の二月二十四日、この空港を精鋭の特殊部隊を搭乗させた数十機のヘリで急襲して占領した上で、キーウ市に潜むゼレンスキー大統領を捕獲してロシア側に寝返らせるとともに、この空港をキーウ制圧の空輸拠点に使用する予定だった。先にも述べたが、もし、このロシアの作戦が成功していれば、おそらく今頃は、ウクライナのロシア化というプーチン大統領の目的は達成されていただろう。

しかし、この計画を事前に察知していたウクライナ国家親衛隊の即応旅団が、ロシアのヘリ部隊が滑走路に降着した直後の弱点に乗じて攻撃し、ほとんど撃破したと聞く。同時に、ウクライナ軍は、このホストーメリ空港の滑走路を砲撃で破壊し、ロシア軍の後続部隊を載せた輸送機が着陸できないようにしている。このような作戦が成功したのも、ロシア軍の作戦行動を事前に探知しているからであり、目には見えないが、情報作戦の重要性が理解できる。

ロシア軍の動向を探知するという観点において、もう一つ付け加えたい。作戦間における軍の常識では、軍事専用の通信機により交信し、個人所有の携帯電話の使用は禁止する。ましてや、国境を越えて進軍した兵士が敵国の携帯通信局に加入して通話するなどあり得ない話であるが、規律の低いロシア軍兵士は、事もあろうにそれをやってしまった。

ウクライナ側は待ってましたとばかり、ロシア軍兵士の通話を盗聴するとともに、会話をデータ化して活用している。ロシアの将軍がいつどこに進出するかまで察知して、その場所に狙撃手を送り込んで将軍を射殺する。狙撃手を送り込めないところは、野戦砲などの火力をもって将軍を爆殺している。大部隊の運用を指揮していた将軍が死亡すれば、取りあえず指揮権を次の下位指揮官に継承させて戦闘を継続しつつ、後任の将軍を送り込む必要があり、すくなくとも一週間程度は効果的な戦闘遂行に影響が出る。

同時に、自分の部隊の高級将校が殺されるというのは、何よりも兵士たちの士気に影響し、戦意も落ちてくる。これまでに、ロシアの将軍は、十名以上殺されており、これは戦闘に加わった将軍の概ね半数とされている。そのような観点でも、情報戦の有効性が証明されたと言える。

ここまで述べてきたことを見れば、ロシアが一方的に弱いように思えるが、サイバー空間では、ロシアは巧みなサイバー攻撃を加えており、ウクライナがアメリカの力を借りながら、何とか持ちこたえているのが現状だ。

ロシアのサイバー戦能力は、二〇一四年のクリミア侵攻時に注目され、その後の八年間、ウクライナ東部二州の国境地域において電子戦と連携させた作戦を継続し、ウクライナ軍を苦しめてきた。今回の戦争においても、開戦後に八種類のマルウエアをウクライナ国内の通信組織に侵入させ、四十近い通信組織を通信不能にしている。

また、そのサイバー戦は、地上だけではなく、宇宙まで展開している。ロシアは、ウクライナ政府と軍が使っているＫＡ－ＳＡＴという通信衛星に対して、開戦当日の二月二十四日、大々的なサイバー攻撃をかけた。その日のうちに、通信量が一挙に一七％まで落ちてしまい、ウクライナ政府と軍の通信が極端に難しい状況になっていた。

この状況においてウクライナは、二月二十六日、アメリカ政府とイーロン・マスク氏率いるスペースX社にスターリンク衛星の提供を申し入れている。スターリンクは、低コスト・高性能な衛星機器と地上の送受信機により、衛星インターネットアクセスを可能とするものだ。おそらく事前の協議ができていたと思われるが、イーロン・マスク氏は直ちに対応して五千基をウクライナに供与し、約十時間後にはウクライナに届いたという。現在は一万五千基が活用されているとされるが、これでゼレンスキー大統領の指揮や軍の運用は何とか保てている模様だ。

確かにロシアのサイバー攻撃力も強いが、その攻撃を事前に予測し、非常手段を調整・準備していたウクライナとアメリカの連携にも着目すべきである。

習近平主席は、今回ロシアとウクライナが繰り広げたサイバー戦争の教訓を活かして、間違いなく今後さらにサイバー攻撃力を強化してくるだろう。元々中国はサイバーに非常に力を入れているが、今後は、日本のサイバー空間上の弱点を洗い出し、いざという時に潰すべき対象とする日本の通信組織と、その組織に忍び込ませるマルウエア等のウイルスの開発に力を注いでくると見るべきだ。

同時に、中国は情報を暴く人工衛星の活用にも力を入れてくるだろう。今回、米国の偵察衛星や商業衛星からの情報がロシア軍の動向を暴いた。台湾有事において中国は、台湾はもちろん、日本国内における米軍・自衛隊等の行動や空港・港湾の使用状況などを常時宇宙空間から偵察し、その動向を掌握しようとするだろう。中国に「敵を知り己を知らば……」をさせないよう、中国の衛星に目つぶしを加えることは極めて重要となってくる。

あなたは、国のために戦えますか?

ゼレンスキー大統領は、戦争開始後、アメリカ政府から亡命の打診を受けたが、逃げずに最後まで戦うと言ったそうだ。また、キーウ市長も「絶対に降伏しない」と表明している。こういった政治リーダーの強い姿勢が、国民に勇気を与え、団結させた。いったんウクライナから外に出ていた男性たちも、帰国して国の防衛のために立ち上がった。この国民の愛国心、抵抗意識があってこそ、ウクライナは持ちこたえている。この国民の強い意思と、米欧各国の支援が続く限りは、ウクライナが負けることはないだろう。

このウクライナ国民の抵抗意識は、民間防衛の状況にも表れている。たとえば民間のドローン会社の社長は、自社が所有するドローンすべてを提供し、それをウクライナの郷土防衛隊が使っているという。郷土防衛隊は、このドローンに手製の火炎瓶を装着し、ロシア軍の陣地上空から投下して、ロシア兵の陣地構築を妨害している。

また、ウクライナのデジタル省が開発したチャットボットという携帯電話用のアプリがあるが、デジタル省は、このアプリのダウンロードをウクライナ国民に奨励している。地下施設等に隠れた住民が、ロシア軍の戦車などの写真を撮ってアプリで送ると、最終的に人工衛星情報などと総合されて、ロシア軍の最新の侵攻状況を掌握することができる。このようなアプリは他にもある。ウクライナ政府が二〇一九年に行政サービスのオンライン化を目指して開発した「Ｄｉｉａ」というアプリだが、今回、ウクライナ軍の作戦に貢献している。チャットボット同様、市民が目になって、軍民の連携が行われている。これも、国のために戦うという国民意識なのだろう。

国民意識という観点で、二〇二一年一月に世界価値観調査が七十九カ国に対して実施された。「国のために戦いますか?」との問いに、日本は、「戦います」という人が一三・二%。「いいえ」四八・六%。「わかりません」三八・一%。情けないことに、「はい」は最下位。「いいえ」がトップ。これが今の日本の実態だ。同じ敗戦国であるイタリア、ドイツも意

順位	国	はい	いいえ	わからない	無回答
1	日本	13.2	48.6	38.1	0.2
5	イタリア	37.4	45.0	13.9	3.8
14	ドイツ	44.8	40.6	12.2	2.4
26	オーストラリア	56.9	40.8	0	2.3
27	ウクライナ	56.9	25.5	16.6	1.0
30	米国	59.6	38.6	0	1.7
35	英国	64.5	31.9	3.3	0.2
40	韓国	67.4	32.6	0	0
45	ロシア	68.2	22.0	9.1	0.7
49	ポーランド	72.5	20.0	7.3	0.1
60	台湾	76.9	23.1	0	0
65	スウェーデン	80.6	15.6	3.0	0.8
75	中国	88.6	10.2	0	1.3
79	ベトナム	96.4	3.6	0	0

「もし戦争が起こったら国のために戦うか？」

（世界価値観調査2021.1.29から筆者が抽出）

識は低いものの、それでもイタリアは三七%、ドイツは四四%が戦うと回答している。

筆者が注目しているのは、「わからない」という人々の認識である。日本が戦争になった時にどうなるかというイメージがわかないのだろう。「戦うか」と言われたときに、「銃を持って戦う」と捉えているのかもしれない。あるいは、戦争の様相がわからないから「わからない」ということになっていると思われる。一般の方に銃を持って戦ってもらうということは国として想定していないし、予備自衛官を除き、そのような形で貢献してもらうことは、なかなか考えにくい。

それよりも、ライフラインはじめ、国の各種組織が機能するよう、それぞれの持ち場で活躍頂くと同時に、民間防衛として自助・共助を機能させながら、ウクライナのように可能な範疇(はんちゅう)で、自衛隊に協力して頂くということは、「戦う」ことに該当すると考える。このような認識で答えてもらえば、おそらく「わからない」という人たちは、「はい」になってくれるのではないかと思うが、甘いだろうか。

少なくとも、厳しい安全保障環境に日本が直面している現実、そして最悪の場合、我が国がどのような状態になるのか、そしてその際、国としてどう対応し、国民には何を期待するのかということを、国民に伝え、平素から国民に意識を持ってもらうことは政府としての責任である。

ウクライナの現状もあり、今日本が極めて厳しい局面に立たされていることは、一般の国民にも伝わってはいるようだ。二〇二二年十一月、読売新聞と米ギャラップ社が実施した日米共同世論調査では、日本が防衛力を強化することについて「賛成」が日本で六八%、米国が六五%。自国にとって軍事的な脅威になると思う国・地域(複数回答)については、日米ともに「ロシア」が最多で、日本は八二%(前回二〇二〇年調査五七%)、米国は七九

％（同六一％）だった。日本では、「北朝鮮」がロシアと並ぶ八二％（同七三％）で、次いで「中国」の八一％（同七七％）となっている。

情勢認識を共有してもらえれば、一般の方々の脅威認識も高まることは数字が示している。

負けるべくして負けたロシア軍

《戦えない兵士》

軍の精強性を判断する要素には、精神的要素としての士気・規律・団結や、部隊行動としての訓練の練度、あるいは編成・組織から兵器・システムの性能に至るまで多くの要素がある。これらが揃って初めて精強な軍と言える。

中でも、兵士の士気は今回の戦争で大きく影響を及ぼした。国を守るために戦うという大義のあるウクライナ軍兵士は士気旺盛（おうせい）。かたやロシア軍兵士は、詳しい説明も受けず戦場へ連れて行かれ、戦争をするという覚悟も持てないまま戦わされたというのが実態だろう。これでは士気が上がるはずがない。

ロシア軍は既に多くの兵士が戦死している。ロシアの発表では五千九百三十七人（ショイグ国防大臣二〇二二年九月二十一日）、ウクライナの発表は七万二千人（ウクライナ軍二〇二二年十月三十日）とあるが、戦争当事者の発表は、当然自軍に有利に発表するので、あまり信用できない。米側の発表では「約一万五千人が死亡、その三倍の負傷者」（米中央情報局〈ＣＩＡ〉バーンズ長官二〇二二年七月二十日）とある。

また米軍制服組トップのミリー統合参謀本部議長は二〇二二年十一月九日、「ロシア軍はウクライナでの戦争の結果、十万人以上の死傷者を出した」と述べ、また「ウクライナ側の死傷者数も同様の水準の可能性が高い」とした。元々ロシア陸軍は約二十八万人であり、そのうち約二十万人が戦場および戦場の後方地域で活動する職域の部隊である。単純に計算すれば約二十万人のうちの約半数が戦死もしくは負傷で戦闘に参加できない状況にある。

だからこそプーチン大統領は、三十万人の動員をかけた。二〇二二年十月二十八日には、ショイグ国防大臣はこの三十万人のうち、八万二千人がウクライナに派遣され、そのなかで四万一千人超が戦闘任務に加わり、残る二十一万八千人は訓練中としている。ただ、どこまで使い物になるかは不明だ。

動員対象は兵役経験者とされており、元々職業軍人として長年軍務に服してきた者は、それなりに使い道があろうが、特に一年間徴兵されただけの元兵士たちの練度は低く、直ぐには使い物にならない。ロシアは長年、職業軍人三割に対し、徴兵された兵士が七割の比率であった。二〇一〇年ころから、この比率を逆転するよう施策を講じてきたようであるが、それがどこまで実行されているかは定かではない。しかし、ここ十年くらいでは職業軍人の退役者の増加は望めず、徴集兵の率が多いことには変化がないだろう。

筆者は、二〇一四年の二月上旬、陸上幕僚長当時、ロシア地上軍司令官から公式招待を受け、ロシアのクリミア侵攻直前にモスクワと極東ハバロフスクを訪問した。大変悔しいが、当時クリミア侵攻準備をしていたことを気づかなかった。ハバロフスクでは、徴集兵の訓練状況を見せてもらった。外気はマイナス約二十℃の中、兵舎の中に設置した戦車や、シミュレーターなどで基礎的な訓練を行っていた。説明によれば、ここで三カ月、基礎的訓練を施した後、第一線の部隊へ送り、九カ月ほど勤務の後、除隊とのことであった。

筆者も長年戦車部隊勤務の経験があるが、わずか一年の戦車訓練でまともな戦闘ができるとはとても思えない。このような元兵士たちがいくら集まっても、短い期間で大部隊としての統制ある戦闘ができるはずがない。

《陸海空の統合指揮ができない》

そのハバロフスク訪問では、極東軍管区（統合戦略コマンド）司令官スロビキン大将と面談した。彼は、二〇二二年十月以降、ロシア全軍を統括する総司令官に任命されていたが、翌年一月、副司令官に降格となりゲラシモフ参謀総長が総司令官に任命されている。

当時の意見交換でも、その後の広大な演習場で見せてくれた戦車・火砲の実弾演習にでも、陸海空の「統合作戦」という視点は皆無であった。

当時、ロシア軍は、二〇一〇年以降の軍改革において、六個軍管区から四個軍管区へと再編すると同時に、各軍管区を統合戦略コマンドとして統合作戦を司る組織に改革していた。このため、統合に関する状況も聞き出そうとして、関連する内容にも触れたつもりだったが、認識が低いのか、隠そうとしたのか、統合の話題にはならなかった。

しかし、統合作戦に関するロシア軍の実力は、二〇二二年二月二十四日以降、約一カ月の戦闘において実証された。航空優勢を獲得するための空軍と陸軍の連携した作戦が不十分であり、多くの戦闘機、ヘリの損耗を出すとともに、その後は、ロシア空軍がウクライナ上空を飛行することはほとんどできなくなっている。

当然、ロシア軍には全軍を統括する統合の司令官が存在するものと思っていたが、二〇二二年四月、ドゥボルニコフ司令官を任命したと報道され、それまで不在であったことが明らかになった。作戦の失敗から急遽（きゅうきょ）司令官だけを任命しても、司令官を支える統合作戦に長けた司令部がなければ機能しない。その半年後の十月には、ドゥボルニコフ司令官も解任され、スロビキン大将に交代させている。統合司令部が組織されていなければ、誰が総司令官になったとしても戦果を挙げることができるとは思えない。

この背景には、もともとロシア軍全体の指揮統制は、ロシア特有の中央集権の幕僚派遣により指揮することが多く、この形態を「スタフカ代表（派遣）」という。スタフカとは総司令部を意味し、中央から幕僚が派遣され、部隊を指揮・運用するものであり、ゲラシモフ参謀長の前線進出もこれにあたる可能性がある。

中央集権的な気風があり、最高司令部からの命令だけでは統制や権限が不十分と判断される場合、現地指揮官よりも優秀な中央の司令部代表を派遣して細部の指導や統制をおこなっているものと思うが、常識的にみても、これが現代戦に通用するとは思えない。実際、前述したホストーメリ空港におけるロシア空挺部隊の作戦と、当時同一地域で地上作戦を実行していた中央および極東軍管区部隊との連携ができていないことからも、その有効性は疑問符が付く。

かたやウクライナ軍は、二〇一一年以降、指揮統制機能の改革を進めており、軍種・地域毎の複雑な指揮系統を改め、二〇二〇年以降、常設の統合司令部が一元指揮する形になっている。我が国の防衛省においても、統合司令官および司令部を創設することが二〇二二年末の閣議において決定された。速やかに実現すべきと思う。この点は第三章で詳しく述べたい。

《燃料・食料も前線に送れず、そして最後は弾も、ミサイルも、兵器も枯渇した》

二〇二二年二月二十四日、ウクライナ北のベラルーシ国境から侵攻を開始したロシア地上軍は、わずか一日でキーウ近郊まで進軍した。その距離、約六十キロ。小田原から東京の距離である。ウクライナ軍が少しでも抵抗していれば、これほど速い速度で進軍はできない。

二十八日の上空からの写真を見ると、ロシア軍車両が道路上に長蛇(ちょうだ)の列をなして停止している。ウクライナ軍の空からの攻撃を気にしていないのか、あるいはよほど訓練レベルが低いのか、車両間隔も空けずに密集し、道路から路側へ外れて木の下へ隠れている様子

キーウ近郊のロシア軍の車列

もない。戦術的な用語では「接敵行進」というが、敵国に侵入し、敵に向かって進軍していく状況においては、いつ敵と交戦してもいいように、かつ敵の航空攻撃があっても被害を最小限にできるような態勢で行進していくのが普通の陸軍であるが、ロシア軍はそうではなかった。演習のつもりで、キーウ近くまで行けば、それでいいと思っていたのかもしれない。

その後、キーウ近傍でウクライナ軍の抵抗にあったロシア軍は、前に進むことができず、約六十キロの車列は停止したまま、ウクライナ軍の伏撃を受けた。ウクライナ軍参謀本部が三月二十日に発表したロシア軍全体の損害数は、人員ー約一万四千七百人、戦車－四百七十六両、装甲戦闘車－一千四百八十七両、砲兵システム－二百三十門、対空戦闘システム－四十四台、飛行機・航空機－九十六機、ヘリコプター－百十八機、車両－九百四十七両、タンクローリー－六十両、UAV－二十一機とある。

燃料タンクローリーをはじめ、車両約一千両を破壊しているが、まさにウクライナ軍はこれを狙っていたのだろう。停止したまま動けない車両部隊の中で、比較的弱い補給部隊を狙われたロシア軍は、その後、燃料や食料などの補給ができなくなり、その後の作戦に大きく影響が出ている。

第一線の兵士たちが戦いを継続するためには、燃料や食料と同時に、弾薬やミサイル、そして損傷した戦車や装甲車を整備し、前線へ戻す必要がある。しかしロシア軍は、そのほとんどを消耗し、あるいは破壊されたため、枯渇している状況にある。

具体的には、ミサイルに関しては、ウクライナのレズニコフ国防相が、二〇二二年十月十四日「ロシア軍には六百九発の精密誘導ミサイルが残っている」と発言し、侵攻前と比較して備蓄が、三分の一以下に（一千八百四十四発→六百九発）低下したとしている。

数字は少し違っているが、米国防総省によれば、二〇二二年五月二日時点で、既にミサイル発射数が二千百二十五発に達していることや、侵攻開始当初、「高精度兵器で軍事インフラだけを破壊する」と公表していたロシア軍が、無誘導弾による攻撃に変化していることから誘導ミサイルの在庫は少ないとしている。

さらに報道では、海上の対艦船用ミサイルを地上攻撃に転用したり、対空用のS-300地対空ミサイルを改良して失敗するなど、経済制裁による半導体不足も合わさって、誘導ミサイルが枯渇していることは間違いないようである。レズニコフ国防相の「残り六百九発」が正しいとすれば、その後、二〇二三年三月九日までの間においてウクライナの発電所等のインフラを攻撃したミサイル数、約五百四十発を差し引くと、おそらくほとんど残っていないことになる。今後はイラン製のミサイルや裏ルートで輸入した部品で製造したミサイルが発射される可能性がある。

通常の弾薬やロケット弾も同様で、数百万発の迫撃砲弾やロケット弾の購入を北朝鮮に打診するほどの状況にあると、ニューヨークタイムズが二〇二二年九月五日に報道している。加えて、ウクライナ軍は、南部ヘルソン、および東部ルハンシク地域において展開するロシア軍の弾薬庫を、七月以降、立て続けに攻撃しており、その在庫は底をついてきている可能性が高い。

さらに、ウクライナ国防省が二〇二二年八月三十日に発表したロシア軍の破壊数は、戦車が一千九百五十四両、装甲車が四千二百九十四両とある。元々ロシア軍は戦車で約二千八百両が可動すると言われており、その七〇%が撃破され、また装甲車は、約一万両保有に対し約四〇%が撃破されている。今後ロシア軍が、地上攻撃でウクライナ軍を押し返していくほどの戦力は保持していないと見るべきであろう。

少し話はそれるが、オースティン米国防長官は、二〇二二年四月二十五日、訪問先のポーランドでの記者会見で、「ロシアがウクライナ侵攻でやってきたようなことを繰り返す力を失うほどに弱体化する」と述べたが、まさに今、その状況になりつつある。米国にとってみれば、米国が唯一の競争国とする中国との対峙に集中するためにも、ウクライナへの米欧の武器・経済支援により、ロシア軍が弱体化することは好都合である。今後も、この目的「ロシアの弱体化」に向かって、ウクライナを支援していくだろう。

《柔軟性、融通性に欠けるロシアの戦術、編制、指揮》

ロシアの作戦は教条的であるとよく言われる。筆者が若い頃に学んだソ連の戦術も、教条的なものであり、定められたテンプレート(型板(かたいた))に当てはめて部隊運用の大枠を決め、攻撃に際しては、大量の火力を持って敵陣地を徹底的に叩いた後、戦車と装甲車に乗車した歩兵が突撃するという、まさに力でねじ伏せるというものであった。

筆者が一九九三〜九四年に米国の指揮幕僚大学に留学した時は、冷戦が崩壊した二年後であり、旧ワルシャワ条約機構の国々からの留学生も多くいた。中でも、ハンガリーの少佐とは常に行動を共にするクラスメートであったため、本音で語ることができた。彼は、ソ連式の指揮や戦術で軍歴を重ねてきたこともあり、多くのことを教えてもらったが、教条的な戦術は認めるものの、「あまりバカにするな。ロシアも我々も、状況の変化に柔軟に対応して考える」と反論を受けた。

しかしながら、筆者が、二〇一四年二月にハバロフスク近郊演習場において実際に見たロシア軍の実弾射撃演習も、そして今回のウクライナにおけるロシア軍の戦い方を見ても、戦術的には、その昔と変わらず進化していないように思える。

確かにロシアが、軍改革を実行してきていることは事実だ。コンパクトで即応展開可能な、歩兵・砲兵・戦車・防空・電子戦等、多機能の諸職種協同部隊として、「大隊戦術グループ」（ＢＴＧ）の編制を進めてきた。二〇一六年には六十六個、二〇二一年までに百六十八個のＢＴＧを編制したが、今回の作戦においては、全く成果を上げていない。

理由は二点ある。

一つは指揮統制上の問題で、小規模紛争等への即応展開に適したコンパクトな編制にしたため、大隊長（中佐レベル）を支える幕僚組織が脆弱である点にある。大隊本部は、上級副大隊長、人事担当副大隊長、兵站・整備担当副大隊長、砲兵部隊顧問からなり、情報収集や射撃、電子戦を補佐する幕僚がいないため、大隊長への負担が大きく、恐らく総合的な判断ができていない可能性がある。

次に運用上の問題であるが、大隊は、一〜三日程度独立して戦闘することを前提としている。しかし今回は、数カ月以上の戦闘を実行することとなった。その間、上級部隊からの補給支援が届いていれば、戦えたかもしれないが、ウクライナ軍の巧みな攻撃で、補給を担任する兵站部隊が損耗したため、第一線のＢＴＧも行動が止まったものと思われる。

指揮に関しても、硬直的なまま改善されていない。ソ連軍の伝統を継承するロシア軍は、今もなお、有能な指揮官に全権委任し、トップダウンにより判断された命令に固執し、戦況に応じて現場で柔軟に行動を変更することはできないようだ。後でも述べるが、二〇二二年五月の渡河作戦において、ロシア軍は被害が出ても同じ要領で渡河を繰り返し、その結果、更に被害が拡大している。

このように一度出された命令に厳格に従い、同じ戦法や戦闘要領を繰り返していることは、軍の歴史や伝統、文化が影響していると思われる。これもまた、とても現代戦に通用するものとは思えない。

一方で、ウクライナ軍は、統合司令部の創設と同様、NATO軍から様々な教育や支援を受けつつ、編制・組織・兵器・指揮統制等々をNATOに倣う「NATO標準化」を進めてきている。指揮統制においても、柔軟に現場の状況に適合するよう、現場指揮官に自主裁量の余地を与える指揮形態に変更しており、その効果は、今回の戦闘においても明らかに実証されている。

《戦闘システム、兵器、軍の訓練練度においても、ウクライナ軍が一枚上だった》

二〇一四年二月のクリミア併合以降は、ロシアとウクライナの戦闘は、東部ドンバス地方の国境線が焦点となった。この戦闘におけるロシア軍の戦闘は、電子戦装置を活用し、ウクライナ軍の通信を妨害した上で、ウクライナ軍指揮官の位置を割り出し、そこに砲弾を落として殺害するなど、世界からも注目されるほど巧みなものであった。

しかし、ウクライナ軍はこの八年間、アメリカの力を借りながらロシアの戦術を研究し、飛躍的に力をつけることに成功した。その結果、今回の戦争においては、ロシアを上回る戦闘を実行している。たとえば、ウクライナ軍は、火力戦闘指揮システム（ＧＩＳ Ａｒｔａ）を開発し、二〇二二年五月、ルハンシク州のドネツ川を渡ろうとしたロシア軍を攻撃し、戦車等約七十台の重火器や装備を破壊した。

大戦果を挙げたウクライナ軍の戦闘要領は次のとおりだ。まず、人工衛星からの写真情報等により、ロシア軍のドネツ川渡河作戦の概要を掌握。次いで、ドネツ川流域に偵察部隊やドローン等を集中して情報を収集し、多数の戦車等を確認したうえで、情報をＧＩＳ Ａｒｔａに集約。次いでＧＩＳ Ａｒｔａが迅速に近傍に位置するウクライナ軍のミサイルや火砲を選定し、選定した火器に対し、通信衛星（民間）を介して射撃任務を付与。指定されたミサイルや火砲が渡河地域に蝟集（いしゅう）している戦車等を撃破。この衛星通信においては、スターリンク衛星も活用されたと聞く。

また、戦闘システムのみならず、個々の兵器の質の差も大きく戦闘結果に影響する。ロシア軍の兵器は非常に古いものが多い。一九八〇年代、筆者が戦車小隊長の頃、相手としていたＴ－72戦車が、改良されているとはいえ、今も主力戦車というのは、いかに軍改革が進んでいないかを立証している。

一方で、ウクライナ軍は「ジャベリン」（携帯対戦車ミサイル）という非常に優秀な兵器を使っている。射程が二千五百メートル。通常の戦車の射程は、二千メートル程度なので、戦車の射程外から攻撃可能で、戦車の弱点である上部から攻撃することができる。戦車に向かって飛翔するときは直進するが、戦車の近傍まで近づいたところで一度上空に上がり、敵戦車の上方から直下に攻撃ができる。

一九九五年に初期型が射程二千メートルで装備化されたが、その後、数度の改良を重ね、射程も、そして命中精度なども大きく向上した。これはアメリカ製だ。米国は新しい研究開発にも予算を充当するが、現存の兵器を改善していくことにも重きを置いている。第三章でも述べるが、やはり装備の近代化だけでなく、既存の装備の改良・改善にも予算を充当すべく、抜本的な防衛予算の獲得が必要である。

ドローンの活用においても、ウクライナはロシアを上回っている。特に実戦でのドローンの有効性が示されたのは、二〇二〇年の秋、アゼルバイジャンとアルメニア間の戦争においてである。第一次ドローン戦争とも呼ばれている。ほとんど有人の戦闘機が飛ばずにドローンの戦闘で終わったというほどドローンが目立った。ロシアもウクライナもこれを学んだ上で、今回の戦争に活かしている。

特に、トルコ製のバイラクタルTB2をウクライナがうまく戦力化している。バイラクタルは、だいたい百五十キロぐらいの範囲内を二十七時間飛行できる。地上のコンテナの中で、パイロットがパソコンを使って誘導するが、搭載されている四発のレーザー誘導ミサイルが威力を発揮する。ウクライナ軍はこれを三十四機ほど運用して、ロシアの戦車や車両を効果的に撃破している。

ここまでは、ロシア軍の問題点を洗い出しながら、我が国が学ぶべき点を挙げてきたつもりだが、最後にもう一つ、訓練していない軍が使い物にならないことを強調したい。ロシア軍の戦闘状況を見ていて、ロシア軍がこれほど訓練していない軍隊かということに驚いている。筆者は、戦車小隊長当時から、当時の質量ともに最強のソ連軍の戦車部隊にどう対抗するかということを真剣に考えてきたが、今のロシア軍の状況には愕然（がくぜん）とせざるを得ない。

二〇一四年にモスクワおよびハバロフスク郊外のロシア軍部隊の訓練状況を実視した際は、それなりに精強であると感じていたが、おそらくこれらの部隊は、展示する部分だけは訓練されていたのだろう。

北のベラルーシから攻め込んだ車両部隊の訓練レベルの低さは既に述べたが、戦車部隊も小学生レベルだということを付け加えたい。通常、敵に接近していく場合、最初に偵察部隊が前進して、敵の存在を確認していく。その後、歩兵が乗車した装甲車と戦車部隊が協同したチームとして、状況に応じた戦闘隊形を取りながら前進していく。ところが、報道されているロシア軍戦車中隊は、戦車単独で一列縦隊、全周警戒の態勢も取らず、各戦車は砲塔を前向きにしたまま前進している。そこへ、道路から数十メートル離れた茂みの中のウクライナ兵がロケットランチャーを発射し、二両目の戦車を撃破した。普通の戦車部隊であれば、他の戦車が直ちに、ロケットを発射した地点に射撃して伏兵を倒すとともに、他に敵がいないか全周警戒態勢を取りながら、負傷した仲間を助けて治療・後送の処置をとる。そして、その後の前進要領を、敵との交戦を予期した前進隊形に変更して命令下達(かたつ)し、さらに前進する。

しかし、ロシア軍はどうか。他の戦車は、ドライバーだけ残して乗員が降りて一目散に茂みに逃げている。ドライバーだけが操縦して戦車も逃げていく。開いた口が塞(ふさ)がらないとはこのことであるが、訓練していない軍はそんなものである。最近の自衛隊には、鳥インフルエンザとか豚コレラとか、いろいろな支援要請がある。少ない訓練時間を使って、何とか多種多様な任務を遂行できるように現場の部隊は頑張っているが、そこに他の組織でもできることを、何でもかんでも自衛隊に要請するようでは、部隊は訓練ができない。

自衛隊は便利屋ではないことを、関係する方々にはぜひご理解頂きたいものである。

《戦争終結に向けて》

この先、戦争終結に向けて、どのような展開になるのだろうか。プーチン大統領の戦争目的は、当初は、ゼレンスキー政権転覆とウクライナの中立化・ロシア化であったことは述べた。その後、作戦の失敗から、四月頃以降は、ウクライナ東部二州、南部二州の占領地域を拡大して安全地帯を広げることに目的を変更している。しかし九月、ウクライナの反転攻勢以降は、既に確保した地域の死守（東部二州＋南部二州〜クリミア）が目的となった。

プーチン大統領は、二〇二二年九月十六日の上海協力機構（ＳＣＯ）首脳会議での記者会見において、「主な目標は『ドンバス地方全体の解放』であり、ロシアは『急いでいない』」としている。今後は、最低限の目標（東部二州）、および南部二州〜クリミア確保に戦力を集中してくるだろう。この際、戦える戦力が枯渇する中、最後の活路を、何に求めるかが問題となってくる。これまで幾度となく恫喝してきた、戦術（小型）核兵器の使用に手を染めるのか。あるいはシリアで使った非道な神経剤を使うのか、あるいは、既に実行しているインフラ攻撃（原発・電気・ガス等）を激化してくるのか、予断を許さない。ウクライナの反撃状況によっては、核の使用まで想定しておく必要がある。

一方のゼレンスキー大統領は、当初は「二月の侵攻開始前のラインまで押し戻せばウクライナの勝利」としていたのが、戦況が有利になった段階の二〇二二年九月四日には「我々はすべての領土を解放する」に変化している。これはクリミア奪回を意味するが、そこまで目標を広げている。二〇二二年十月八日のクリミア大橋爆破は、ウクライナの行動であろうし、まさにクリミア奪還までを視野に入れていることを示している。

このままいけば、双方の妥協点はない。停戦に向けた、米国の指導力が問われているが、東部二州からクリミア半島のどこかにおいて、朝鮮半島の三十八度線のように、ラインを設け、休戦、あるいは停戦に持ち込むことが必要であろう。その朝鮮戦争も休戦までに三年間戦っている。プーチン大統領は西側の経済制裁にも屈せず、「急がない」として、米欧のウクライナへの支援疲れを長期的に待つ構えだ。

ゼレンスキー大統領は、この戦争を、民主主義や自由といった価値観を守るための戦いと位置づけている。同じ価値観を有する日本としても、ロシアを勝たせてはならない。この戦争が長期化することを念頭に置きながら、日本として可能な支援を最大限実施していくべきだ。

第二章

台湾有事は生起するのか？それは日本有事になるのか？

台湾統一に秘めた習近平の執念と呪縛

習近平主席は、さまざまな場面で、台湾統一へのこだわりを再三再四強調している。たとえば、近年の主要な式典においては、共産党創立百年式典（二〇二一年七月一日）「祖国の完全統一を実現することは共産党の歴史的任務であり必然である。台湾統一は絶対に成し遂げる」。辛亥革命百十年式典（二〇二一年十月）「統一という歴史的な任務は必ず実現しなければならないし、実現できる」。そして二〇二二年十月十六日の共産党第二十回党大会においては、「母国の再統一は実現されねばならないし、必ず実現できる」「武力行使を決して放棄しない」と、中国共産党と自己に課した使命として、達成できなければそれは自分に跳ね返ってくることをも厭わず、呪縛化している。

この台湾統一への執念の源泉は、中華人民共和国生みの親である毛沢東を超える存在として君臨したいという野望であろう。二〇二〇年六月、「国家安全維持法」の施行により香港を強引に英国から取り返し、毛沢東でさえなし得なかった台湾を勢力下に収めて拡大しようとするその姿は、紀元前二二一年、他の諸国を次々と攻め滅ぼし、中国史上初めて天下統一を果たして称号を「皇帝」とした秦の始皇帝を思わせる。飽くなき野望がなければ、自らが憲法を改正して、国家主席「二期十年」の任期制限を撤廃するはずもない。この「二期十年」の制限は、毛沢東時代とその後の政治混乱の再発を防ぎ、権力の集中を避けるため、鄧小平氏が主席の三選を禁止し、一九九〇年代から実施された。

江沢民元主席と胡錦濤前主席は、その規定どおりにそれぞれ任期十年で退いている。さらに、習主席は、二〇一七年十月の中国共産党第十九回党大会において、「習近平による新時代の中国の特色ある社会主義思想」という新たな思想を示した。過去の主席において思想を示したのは毛沢東主席のみであり、この「思想」という言葉を使うこと自体から見ても、毛主席に並ぶ、あるいは超える存在になろうとしているのであろう。

皇帝になろうとする習近平主席の野望を米国はどう見ているのか。有事、インド太平洋地域の作戦指揮を執る米インド太平洋軍のデービッドソン司令官（当時）は、二〇二一年三月、「六年以内、すなわち二〇二七年までに中国は（台湾に）侵攻する可能性がある」と議会で証言している。デービッドソン司令官の後任者、アクイリノ米インド太平洋軍司令官も、二〇二一年三月、議会において、武力行使の可能性は「我々の大半が考えているよりも迫っている」と同様の危機認識を示した。

台湾侵攻時期が早まる?

深刻なことは、この侵攻時期がさらに早まる可能性について、米国の政治・軍事研究者たちが指摘していることだ。たとえば、米国のアントニー・ブリンケン国務長官は二〇二二年十月二十六日、「これまでと変わった点は、現状はもはや受け入れられず再統一を求める過程を加速させたいという中国政府の決定だ」と語った。

さらに、「彼らはそれをどのように実行するかについても決定を下したと考えられる。再統一を加速させることを期待して、台湾に一層の圧力をかけることや強要、さまざまな方法で台湾の状況を困難にすることが含まれる」と指摘した(ブルームバーグ・ワシントン支局インタビュー)。

また、軍事的な観点においても、米海軍トップの作戦部長マイケル・ギルディ大将は二〇二二年十月十九日、シンクタンクの会合において、「中国の台湾侵攻が今年中にも起こる可能性は排除できない」として米軍は態勢を整えねばならないと訴えた。

ギルディ氏は、「過去二十年で分かったことは、中国は約束したことをすべて予告した時期よりも早く実行してきたことだ」「われわれが二〇二七年の可能性を語るとき、二〇二二年の可能性、或いは二〇二三年の可能性を考慮しなければならない。私はそれを排除できない」と発言している。

加えて米空軍でも部下に対し「二〇二五年に(中国と)戦う予感がする」との認識を示し、いざという時に戦える準備を整え、覚悟を持てと指示している。二〇二三年一月二十七日にこの指示書を出したのは航空機動軍のマイク・ミニハン司令官だ。航空機動軍は、輸送機や空中給油機を約五百機保有し、約五万人の兵士で編制されている。彼らは、台湾有事には、米軍兵士や兵器・物資をグアム、ハワイ、米本土から台湾に空輸するのが任務だ。そのトップが、本気で作戦準備を始めているというほど、危機が切迫していると理解すべきだ。

さらに研究者の視点からは、ジョンズ・ホプキンス大学のハル・ブランズ特別教授とタフツ大学のマイケル・ベックリー准教授が二〇二二年夏、その共著『デンジャー・ゾーン迫る中国との戦争』(飛鳥新社刊、奥山真司(まさし)訳)において、中国の「台頭」が終了したことを指摘している。その最大の理由は経済成長の鈍化と、戦略的に「反中包囲網」に囲まれていることにあり、その危機を感じた中国の指導部が、力を失う過程で立場的に追い詰められ、今後さらに攻撃的になる、という考えだ。

ピークアウトし、衰退期を迎えていく一方にしか見えない大国の指導者にとっては、事を起こすなら早い方がいいという焦りに駆られる危険性はあるだろう。

中国がその「デンジャー・ゾーン」(危険な期間)にあるから危ないという指摘は、ブリンケン氏、ギルディ氏の指摘と通じるものがある。もちろん、ブリンケン氏、ギルディ氏も、危機認識を煽(あお)っているというよりも、そのデンジャー・ゾーンにいる中国に対して米国の準備ができていないことに対する警告と受け取れる。

では日本はどうだろうか。このような危機意識は、日米首脳会談等においては、共通認識に立っているものと思える。まず閣僚レベルでは、岸防衛大臣・オースティン国防長官の間(東京、二〇二一年三月十六日)で、台湾海峡で不測の事態が起きかねないとの懸念を共有するとともに、台湾有事に際しては緊密に連携する方針を確認している。このように、台湾有事を議題としたことが明らかになるのは極めて異例であり、その危機意識のレベルは高いと言えよう。

さらに浜田防衛大臣・オースティン国防長官の間(ワシントンDC、二〇二二年九月十四日）で、中国が台湾への軍事的圧力を強めるなど、東アジアの安全保障環境が厳しくなっていることを背景に、日米の連携をさらに緊密にしていくことで一致している。そして首脳レベルでは、菅総理大臣とバイデン大統領の日米共同声明（ワシントンDC、二〇二一年四月十六日）において、「日米両国は、台湾海峡の平和と安定の重要性を強調するとともに、両岸問題の平和的解決を促す」とした。首脳会談の共同声明で台湾に言及したのは、日中国交正常化前の一九六九年の佐藤総理大臣とニクソン大統領の会談以来五十二年ぶりであり、まさに危機のレベルが歴史的に高まっている証左である。

その翌年、訪日したバイデン大統領と岸田総理大臣は、日米共同声明（東京、二〇二二年五月二十三日）を発出し、「国際社会の安全と繁栄に不可欠な要素である台湾海峡の平和と安定の重要性を改めて強調した」と明記して、改めて危機認識を共有している。

では、侵攻されるかもしれない当事者の台湾はどうかというと、台湾の邱国正国防部長（国防相）は二〇二一年十月六日、「中国が二〇二五年には全面的に台湾に侵攻できる能力を持つ」と語り、また中台情勢について、「私が軍に入って四十年以上だが、最も厳しい」と述べた（立法院の国防予算審議）。

また、台湾総統府も、中国の軍事的な圧力が強まっていることを認識し、十八歳以上の男子に義務づけている兵役の期間を現在の四カ月間から一年間に延長することを、国家安全会議（二〇二二年十二月二十七日）において決定した。実行は、二〇二四年からになる。会議後記者会見した蔡英文総統は、「台湾は民主主義を守る最前線にある。戦いの準備をしてこそ、戦いを避けられる」と述べた。

この政治決定の背景には、台湾防衛に力を貸すアメリカからの要請もあった。二〇二二年七月に訪台したエスパー前国防長官が徴兵制度の見直しを指摘していた。この兵役延長に関して、台湾国内の世論調査（民間シンクタンク台湾民主基金会、二〇二二年十一月）では、七三％の市民が賛成しているという。また、同じく台湾民主基金会が、台湾住民を対象として二〇二二年五月に実施した世論調査においても、中国が台湾統一のために武力侵攻した場合の対応として、七一・九％が「台湾を守るために戦う」と回答。台湾が独立宣言したことを理由に中国が武力侵攻した場合も六三・八％が「戦う」と答えた。台湾人の高い防衛意識を示している。

さらに、フェイクニュースの拡散が、台湾の民主主義に及ぼす影響については、九〇・五％が「害となる」と答え、中国による世論分断への警戒感の高さも示している。国民レベルでも中国に対する危機意識を共有している証左だ。

米軍でも抑えられない中国軍の実力

ここまで、日米台三カ国が危機認識を高めているのは、なぜなのか。習近平主席の思惑は既に述べたが、それだけでは、中国に対して未だかつてないほどの脅威は感じないはずだ。そこには、中国の覇権拡大戦略があり、そしてその戦略を具現化する軍事力の異常な拡大と軍事的活動の実態がある。中国が何と詭弁を重ねようが、その事実こそが、中国の覇権拡大に対する野心を物語っている。

外交的には、中国は鄧小平主席以降、実は比較的穏健な外交方針であった。それは「韜光養晦」という外交方針に表れている。「目立たないようにしながら何年か一生懸命に働けば、国際社会でもっと影響力をもてるようになるだろう。そうして初めて、国際社会で大国になれる」という意味らしいが、要するに、今は力がないので力を蓄えるまでは賢く爪を隠して静かにしていよう。日本からのODAもしっかりと頂いておこう。そして力を蓄えた暁には前に出て行くぞ、ということなのだろう。

まさに前に出ていくその時期が、習近平主席時代なのだ。二〇一七年十月中国共産党第

十九回党大会において、彼は三時間半の熱弁を奮（ふる）った。そこに出てきた言葉が、「中国の夢、中華民族の偉大な復興」で、三十数回発言している。「韜光養晦」の時代は過ぎ去った、これからは中国が国際社会の大国として世界をリードしていくという意気込みの表れであろう。

その「中国の夢、中華民族の偉大な復興」実現のための戦略が、インド洋～アフリカ方向に対しては「一帯一路」であり、太平洋に対しては「接近阻止（Ａ２）／領域拒否（ＡＤ）」戦略である。領域拒否とは、中国の核心的利益である東シナ海、台湾および南シナ海を守るため、いわゆる第一列島線という沖縄、台湾、フィリピン、ボルネオの線を最終防衛ラインとする軍事態勢をとり、他国の侵入を拒否するというものだ。そして、これを確実にするために、バッファーゾーン（緩衝地帯）として小笠原諸島、サイパン、グアム、そしてパプアニューギニアにつながる線を第二列島線として、このラインに対する他国の接近を阻止する。その他国とは、具体的には米軍を意味している。

この戦略は、一九九五〜九六年の第三次台湾海峡危機に由来している。

中国は、九六年の総統選挙への準備段階にあった台湾を脅迫し、中国の外交政策と対決すると予測されていた李登輝氏に対して強い圧力をかけるため、台湾近傍の海域にミサイル等を発射した。これに対し、当時のクリントン米大統領は、空母二隻を派遣して台湾海峡を通峡させ、中国を力で黙らせた経緯がある。

台湾海峡という中国にとって極めて重要な核心的地域において、米軍の軍事力にひれ伏した屈辱から、二度とこの地域に米空母を近寄らせない戦略に発展したとの見方がある。

事実、二〇二二年八月、ペロシ米下院議長訪台に反発し、中国が台湾周辺に対してミサイルを射撃するとともに、台湾侵攻を模して海空軍の演習を実施した際、米国は、空母一隻および強襲揚陸艦二隻を派遣したが、中国はこれに屈せず、演習を継続した。

中国にしてみれば、してやったりだろう。二十六年前の屈辱を少しではあるが晴らすことができたわけだ。

この状態になるまでに、中国は異常なまでの軍拡を続けてきた。二〇〇八年まで、中国海軍は太平洋にも進出できない小さな海軍だった。それが今や、この十年間の平均で毎年十五回、宗谷海峡からバシー海峡に至るまで、様々な海峡を通峡して太平洋に進出して演習ができる大海軍になっている。主要な艦艇数の米中比較では、毎年中国が追い上げてきていたが、二〇一四年頃、米海軍と中国海軍の数が均衡し、二〇二一年段階では、米海軍の二百九十六隻に対し、中国海軍は三百四十八隻と、数の上でははるかに凌駕している。内海しか行動できない海軍が、わずか十四年間で世界一の艦艇数を誇る大海軍になったのである。空軍も活動は活発であり、沖縄本島と宮古島間上空を通過して太平洋まで進出し、訓練を実施した回数は、ここ十年平均で毎年八回である。

このままでは中国に勝てない米国のあせり

「接近阻止(A2)／領域拒否(AD)」を具現するのは、これら海空軍のみではなく、中・長距離ミサイルが大きな力となっている。実は、米軍が今一番恐れているのがこのミサイルなのだ。二〇二二年の米国防総省のレポートによれば、中国大陸から一千キロを射程に入れる中国の短・中距離ミサイルは六百発以上。そして、グアムまでの三千キロを射程に入れる中距離ミサイルは五百発以上。さらにグアム島以遠五千五百キロまで届くのが二百五十発以上、加えて一千五百キロ以上の射程を持つ巡航ミサイルを三百発以上、合計一千六百五十発以上保有しているという。ちなみに、米軍は、中距離弾道ミサイル（射程五百〜五千五百キロ）を保有せず、米中比は、〇対一千六百五十発となる。

　中でも特に、対艦弾道・巡航ミサイル（空母キラー）というＤＦ－21Ｄは一千五百キロの射程を持ち、航行している空母に命中すると言われている。加えて射程四千キロの中距離弾道ミサイルＤＦ－26（グアムキラー）も移動中の艦艇を攻撃できるとされる。数千キロも飛翔したミサイルが、動いている目標に命中するのかという疑問が以前から持たれていたが、中国は、この疑念を払拭するかのごとく、二〇二〇年八月二十八日、西沙諸島近海を移動する目標艦に対し、中国内陸部の青海省からＤＦ－26を、浙江省からＤＦ－21Ｄを発射して命中させたと報道されている（Bloomberg News）。

　空母機動艦隊を敵打撃戦力の中核に置くアメリカとしては、これらの中距離弾道ミサイルの存在は、空母機動艦隊を台湾海峡や中国大陸に対する打撃のため、台湾近海まで進出させることに大きな危険が伴うこととなり、悩みの種となっている。

具体的に言えば、空母機動艦隊には、空母を守るため、その周辺にイージス艦が随伴している。イージス艦の対空レーダーの防空範囲は約一千百キロであり、この空域内を空母から飛び上がったF－35Cステルス戦闘機が行動する。通常、米空母には、五十、六十機の戦闘機が搭載されているが、米軍は、この戦闘機を使い、台湾海峡を渡って侵攻する中国の艦隊を攻撃しようと考えている。

F－35Cが搭載している空対艦ミサイル（JASSM）は、射程が約三百七十キロ。従って、空母から概ね一千四百七十キロまでの範囲を制圧できる。しかし、これでは、射程一千五百キロのDF－21ミサイルの射程外に空母が位置し、台湾海峡を攻撃することはできない。しかしただでさえDF－26の射程圏内で行動するリスクに加え、DF－21Dの射程内にまで身の危険を晒すことはしたくない。このジレンマがある。

米空軍も同様の悩みがある。有事が起きた時、嘉手納（沖縄）、横田（東京）、三沢（青森）の在日米空軍基地は、狙われる可能性があるため、爆撃機や戦闘機を集中して配備することは危険だ。とは言え、グアム基地では遠すぎる。ではどうするか。空軍は、ACE構想（Agile Combat Employment：機敏な戦闘展開）を編み出し問題に対応しようとしている。

この構想は、施設や装備・機材が整っていなくても、航空基地周辺の飛行場等に航空機を分散配備し、中国軍の偵察活動や目標評定活動を複雑・困難にして対抗しようとするものだ。構想実現には、施設の充実した航空基地に加え、施設、装備・機材が不十分な周辺飛行場等を一つのグループとして運用し、分散展開予定基地への装備・機材・物資の事前集積、航空機展開訓練、分散展開先での兵士の確保や育成などが不可欠としている。

このため、二〇一七年に同構想が打ち出されて以降、欧州やアジア、中東においても、展開等の訓練を進めていると聞く。しかし、現実にはいくつかの問題がある。分散しようとしても、空軍基地周辺飛行場等への展開を関係自治体が受け入れるか、現状では不明だ。また、分散運用先の飛行場等において必要となる装備・機材・物資の調達に関して、必要なものが思うように手に入るかは、平素からの準備・調整が欠かせない。その他、輸送力や兵士の確保等様々な課題が推測でき、現状、日本においては、実現へのハードルは非常に高いと言わざるを得ない。

ここまでは、海・空軍や弾道ミサイルの戦力比とその戦いへの影響を述べたが、米中の戦力比は総合的にみて、どうなのだろうか。

アメリカのインド太平洋軍が作成した資料によれば、二〇二五年における中国軍と米インド太平洋軍の戦力バランスの見積もりは、圧倒的に中国が優位となっている。いくつかを例示する。たとえば、人工衛星は中国の四百七十基対アメリカは三百九十基。近代戦闘機は中国の一千九百五十機に対してアメリカは二百五十機。爆撃機二百二十五機対五十機、空母三対一、強襲揚陸艦、これは搭載した戦車や装甲車を海岸部から上陸させるものだが、中国十二に対してアメリカ四。近代戦闘艦百八対十二、近代的潜水艦六十四対十である。

もちろん、アメリカは、有事になれば、ヨーロッパ、中東正面に所在する戦力を太平洋に振り向けると思われるが、しかし各正面から数万キロを越えて台湾に戦力を展開するには時間がかかる。中国は、その間にケリをつけようという考えだろう。アメリカの戦力は、現在、一つの主要な正面の戦争しか遂行できない状況にあるが、最も優先する中国正面においてさえも、優越した戦力を保持し得ないというのが現実なのである。

二〇二二年十月十二日に発表された米国国家安全保障戦略によれば、これからの十年を、「世界は今、変曲点にある。この十年は、中国との競争条件を設定し、ロシアがもたらす深刻な脅威を管理し、共通の課題に取り組む決定的な十年となるだろう」と位置付けている。そしてその中国を、「国際秩序を再形成する意図と、そのための経済力、外交力、軍事力、技術力を持つ唯一の競争相手である」として最優先で対応する意思を明確にしている。

また、中国、ロシアなどに対する抑止力強化のためには、可能な限り強力な国家連合を構築し、相互運用や共同能力開発、および調整された外交的・経済的アプローチによる同盟国やパートナーとの統合の重要性を強調している。端的に言えば、米国一国ではもはや対応できない時代、「国家連合体で対応するほかない。同盟国よ、頼むぞ」ということなのである。

台湾有事の実相は？

《結局は武力統一しかない》

二〇二二年八月二十六日～九月十三日に実施された世論調査（公益財団法人「新聞通信調査会」）によると、日本が他国から軍事攻撃される不安を感じている人が七六％（「とても感じる」「どちらかと言えば感じる」の合計）という結果であった。このことからも、先述した米中の軍事情勢も踏まえ、台湾有事が生起するとすれば、一体どういう状況で起こるのか、そしてその時、日本はどのような状況になるのかについて明らかにしておくことは意義がある。

まず、習近平主席が戦争を決意する背景である。国民の命を大事に思い、先の代まで、国家の安寧を願う国家指導者なら、常識的には理性が働き戦争を起こすことはまずない。しかし、毛沢東を超える中国共産党の英雄になりたいという功名心にかられた習近平主席が望む、英雄になるための最も大きな手段は台湾統一だ。

中国の軍事力がどんどん強化され、核戦力も米国を猛追し、二〇二七年ごろには、通常戦力においても、多くの機能において米国を凌駕する。「軍事的には勝算あり。台湾総統の首を挿げ替えることさえできれば、米軍との長期戦を回避し、短期決戦で決着を付けられます」と中国共産党中央軍事委員会の副主席二人が報告すれば、習近平主席の心は動くだろう。

加えて、その時の米国世論が、今よりも更に内向き志向になり、アメリカファースト、米国の若い兵士の命を台湾のためにささげることに多くが反対すれば、米大統領の決断も鈍る。もちろん、中国はそのための情報戦を米国世論に巧妙に仕掛けてくることに疑う余地はない。

さらに、既に述べたが、習近平が「デンジャー・ゾーン」を認識して、「決断を先送りすれば、自分の主席在任中に、二度と台湾統一のチャンスは訪れない。いまがチャンスだ。

今しかない。今ならやれる」と誤算・過信に陥った時、歴史的に最悪の事態が生起する。二〇二二年二月のプーチン大統領によるウクライナ侵攻が、まさにその例である。プーチン大統領の誤算と過信により、軍事的にみても勝てるはずのない戦争に突入してしまった。独裁者プーチン氏に諫言する者はいなかったのであろう。

二〇二二年十月の第二十回中国共産党大会における人事では、党の最高指導部メンバーである政治局常務委員七人は、習近平派がほぼ独占した。毛沢東時代への先祖返りである。二〇一七年の共産党大会以降の五年間は、七名のうち二名は、鄧小平路線を継承する共産党青年団系の李克強氏と汪洋氏がまだいた。しかし、二〇二二年の党大会において、この二人は外され、習主席の地方時代からの仲間四名が新たに登用された。また習主席の権威向上に貢献してきた二人の続投が決まったため、中国共産党の意思決定は、完全に習近平主席の独裁組織、習氏に対するイエスマンの集団となってしまった。

毛沢東時代の反省に基づき、鄧小平が改革してきた、集団指導体制が崩壊するとともに、年齢制限までが形骸化され、政治はおろか、外交・軍事・経済に至るまで、習近平主席の思いのまま、独断専行を許す指導体制がスタートしている。加えて、共産党において軍事的な意思決定をする中央軍事委員会の人事においても、同様の結果となっている。

軍事委員会の主席は習氏が兼ねるが、二人の副主席のうち、一人は、張又俠氏が留任した。張氏は、軍幹部の子息。張氏の父親と習主席の父親の習仲勲元副首相は戦友でもあり、習氏が信頼を置く人材である。もう一人の副主席には、何衛東氏が軍事委員を経験せずに抜擢されている。前職は、台湾正面を担当する東部戦区司令官であり、ペロシ米下院議長訪台関連で実施した大規模軍事演習を指揮した人物で、台湾侵攻に向けての人事ともとれる。

この指導体制では、習近平氏に引き上げられたメンバーが、どこまで「殿、ご乱心を！」と諫言を呈することができるであろうか。

諫言は、そもそも唐の第二代皇帝太宗（李世民）の言行録『貞観政要』において、その重要性が強調されている。常に自己を律し続けようとする君主と、その君主を支える重臣たちが、良き治世のため闊達な議論を交える中で、忖度なき諫言を呈している。徳川家康も座右の銘にしたと言われているが、徳川幕府二百六十年の基礎を作った要素の一つには、この書があるのかもしれない。

少し話が逸れたが、恐らく習近平氏は、部下たちの諫言に恵まれることなく、自己の野望達成のため、残された最後のチャンスにかける可能性が高い。

では、台湾侵攻は、まず何から開始されるのであろうか。

というよりも、既にずっと継続されていることではあるが、台湾統一に向けた世論戦・心理戦・宣伝戦といういわゆる三戦と情報戦、サイバー戦を巧妙に組み立て、台湾の政治・経済・社会の内部から統一への流れを加速してくるだろう。

しかし、これら中国が仕掛ける政治・経済・社会工作が簡単に成功するとは思えない。蔡英文氏は二〇一六年に総統に就任して以降、これら工作への対抗措置を取ってきている。たとえば、二〇二〇年一月には、「反浸透法」を施行させている。この法律の制定理由は、「『域外敵対勢力』が台湾に密かに浸透・介入することを防ぎ、国家の安全と社会の安定を確保し、中華民国の主権と自由民主の憲政秩序を維持するため」とされ、中国による工作に対抗するものである。台湾では、中国が政治家への不法献金やメディア、その他不正手段で、台湾の政治や民主制度に影響を及ぼそうとしているとの見方が多いことから、法律制定に至っている。違反した場合は最大七年間の服役が科されるが、それでも四九・二%の人が法案成立を支持している（法案可決前日の二〇一九年十二月三十一日、両岸政策協会が発表した世論調査。反対は二七・七%）。

このような台湾人の意識の観点からも、統一は難しいものと思われる。加えて、台湾のシンクタンク・台湾制憲基金会が、二〇二二年八月に発表した世論調査では、自分を「台湾人」と認識している人は六七・九％。一方、「中国人」と認識している人は一・八％。また、「台湾人であり、中国人でもある」という人は二七・八％だった。台湾国立政治大学が二〇二二年七月に開始した台湾人・中国アイデンティティ調査においても、同様の結果であり、「台湾人」が六三・三％。「中国人」が二・七％。「台湾人でも中国人でもある」は三一・四％となっている。

プーチン大統領が、二〇二一年七月に発表した論文『ロシア人とウクライナ人の歴史的一体性』では、東スラブ民族としてのロシア人とウクライナ人の一体性を主張したが、ウクライナ人は全く動じることなく、徹底抗戦をしている。台湾も同様だろう。

さらに、統一あるいは独立に対する台湾の民意は、現状維持が八二・一％と圧倒的に強く、「永遠に現状維持」二八・六％、「現状維持し将来再判断」二八・三％、「現状維持し独立を目指す」二五・二％（「臺灣民臺灣人／中國人認同趨勢分、一九九二年六月－二〇二二年六月：国立政治大学選挙研究センター、二〇二二年七月十二日※）となっている。非軍事的な手段による統一の可能性は極めて低いと言えよう。

※國立政治大學選舉研究中心－臺灣民臺灣人／中國人認同趨勢分（nccu.edu.tw）

《ペロシ米下院議長訪台で得たものは》

つまり、中国にとって、結局は軍事統一の手段しかないということになる。

軍事侵攻の様相は、ペロシ米下院議長に反発した中国が実施した軍事演習からその様相の一端が見えてくる。先ず、ペロシ氏訪台に反発した軍事演習とは、どういうものだったか。二〇二二年八月二日の夜から翌三日にかけてペロシ米下院議長が台湾を訪問した。ペロシ氏が台湾を離れた翌日の四日から約一週間、中国は台湾侵攻に見立てたミサイル射撃や海空軍の統合演習を実施した。台湾国防部は、今回の演習を中国による一方的な現状変更だと非難しているが、全くその通りである。

このペロシ氏訪台において得をしたのは中国だけである。既に述べたが、米空母派遣の圧力にも屈しない中国の強さを国内外に示した。そしてそれまで、中間線は中台両軍の偶発的な衝突を避けるための境界線であるという暗黙の了解の線を越えて中国空軍機が飛行を継続した。結果、中間線という暗黙のラインはないも同然となってしまった。

この中間線という空の防衛の前哨線を失ったことにより、防衛ラインが後退してしまったことは、台湾の防空作戦上、極めて影響が大きく、緊張の段階が上がったと台湾国防部は見ている。さらに、数で優る中国の航空機による中間線越えがその後も継続しており、そのたびに台湾空軍機の緊急発進を余儀なくされ、今でも悲鳴を上げている台湾空軍は今後、訓練もままならなくなり、戦闘機の整備も追い付かなくなるだろう。

唯一、米台が得たものは、八月四日から十一日の間における中国軍の軍事演習の状況を観察することにより、中国が台湾侵攻をする際の軍事的な戦闘段階を摑むことができたことである。今回の演習を、中国国防大学教授孟祥青(もうしょうせい)少将は「将来の祖国統一を早期に実現するための条件を整え、有利な戦略態勢を形成した」と評価していることからも、統合的な軍事演習を台湾侵攻の予行として行うことで戦略態勢の段階を上げ、軍事演習の常態化を図ったものと思われる。

また、中国人民解放軍の機関誌『解放軍報』によると、中国側は今回の演習で四つの能力が向上したと自己評価している。それは、①海空の共同作戦能力、②遠距離拒否能力、③精密打撃能力、④空母形成抑止能力だ。

《軍事演習が示した中国の攻撃要領》

まず四日は、台湾の北側、東北側、東側、および南西側の演習区域に弾道ミサイルを発射している。遠距離からの射撃で、これが「③精密打撃能力」にあたる。中国が台湾侵攻時に行う事前打撃だ。実際の台湾侵攻時には、台湾海空軍を制圧するため航空基地や海軍基地を、そして台湾の防空網を破壊するためレーダーや防空施設を、さらに台湾軍の指揮を途絶(とぜつ)させるため通信施設などの指揮中枢を真っ先に破壊する。ウクライナに対し、ロシア軍が戦争開始の初日に行った攻撃と同様だ。

ロシア軍は、戦争開始から約十日間で四百八十発以上のミサイルを発射したと米国防総省は分析しているが、中国は、台湾に届く短・中距離ミサイルを一千発以上保有している。ロシア以上のミサイルの雨が降る可能性がある。今、ロシア空軍機がウクライナ上空を飛べないのは、ウクライナ軍の防空網を開戦当初に破壊できなかったことが大きな要因とされている。中国は、これを教訓に執拗(しつよう)なまでに台湾の防空網つぶしのため、ミサイル等の攻撃を集中・継続するだろう。

翌五日には、戦闘機と爆撃機が中間線を超えて飛行訓練を実施している。これは「①海空の共同作戦能力」にあたる。報道によれば四日が十四機、五日が三十機、六日が十四機、七日が十二機……と、海上・航空優勢確保のための行動を実施している。有事には、台湾上空から周辺海空域において台湾海空軍と中国海空軍の激しい戦闘が繰り広げられる。近代的戦闘機の数は、中国約一千九百五十機に対し、台湾約四百機。台湾は厳しい戦闘を余儀なくされる。中国空軍戦闘機の護衛のもと、爆撃機が台湾の重要施設に対する爆撃を繰り返すであろう。この戦闘は、数日以上、繰り返され、中台双方の航空機、艦艇の甚大な損害が発生する。

中台空軍が戦闘する範囲は広く、台湾から約百十キロの与那国島や、約二百七十キロの石垣島・西表島まで及ぶ可能性が高い。この間、台湾軍戦闘機の損傷などにより、与那国島、石垣島、宮古島の空港への緊急着陸要請はあるだろうし、それを撃墜しようと執拗に追尾してくる中国戦闘機に対し、航空自衛隊の戦闘機が対峙することになる。もうこの時点で、日本は有事だ。与那国島・石垣島など先島諸島の住民の方々には、安全な地域へ避難してもらわなければ、非常に危険だ。

なお、今回の演習には、台湾総統の斬首作戦行動は見られなかったが、有事には、中国は最も重視してくるだろう。米軍の参戦前に、短期決戦で台湾を統一するためには、総統の首を挿げ替え、中国の傀儡政権を樹立することが極めて重要だ。ウクライナでのロシアと同じ轍を踏むなと、習近平主席は軍に対し強く指導してくるだろう。もちろん、台湾軍もこの斬首作戦を阻止することの重要性を強く認識しているだろうから、ウクライナ同様、情報戦能力の強化と併せ、総統の安全確保のための様々な措置を計画していることは間違いない。

《米軍参戦》

ここまでくると、台湾防衛のため米軍も参戦を決定するであろう。参戦しなければ、台湾が生き残る道は極めて厳しい。ウクライナに対する支援のように、米国が武器・弾薬等の支援のみで切り抜けようとしても、思うようにはいかない。台湾はウクライナと違い四面環海の島である。支援の武器・弾薬等は、海路・空路から港湾・空港に届く。使用される港湾・空港は中国のミサイルで破壊され、また海上封鎖により、台湾島に近づくのは大きな危険を伴う。

今回の演習においても、中国は、台湾海峡、バシー海峡を封鎖して台湾を孤立化・封鎖する意思を表明している。また台湾北側と北東側の二カ所は、台北港と基隆港（合わせて台湾へ輸入される総貨物の約二〇%を占める）を封鎖でき、台湾南西側の海域も、高雄港（台湾の総輸入貨物の五九%）を封鎖することができる。この二カ所を押さえるだけでも台湾を経済的にも、そして食料・エネルギー的にも干上がらせることができる。台湾を救う道は、参戦以外にないだろう。

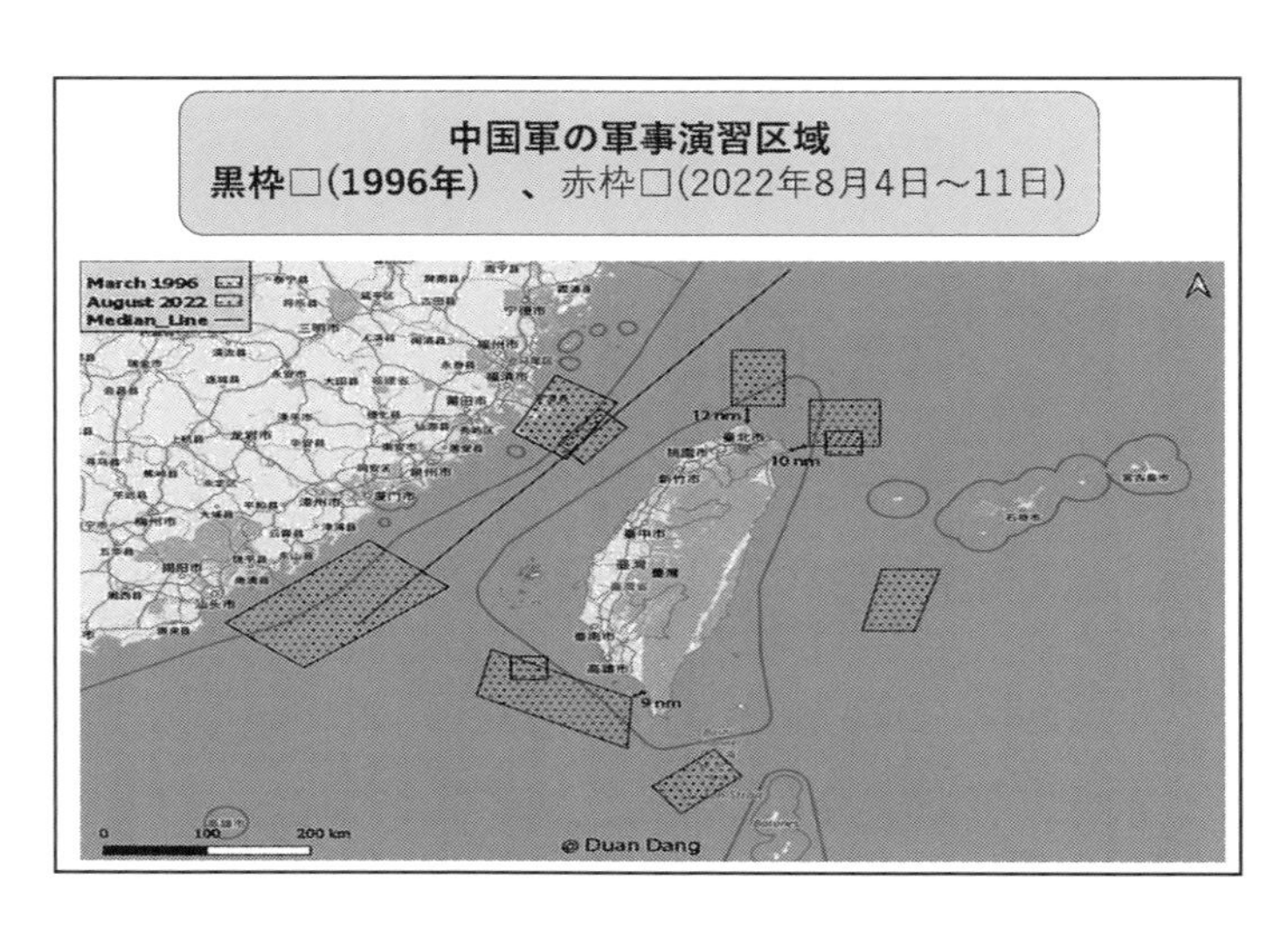

こうなると、習近平主席の侵攻意思を砕くのは、力による中国軍の排除しかない。勝敗を決する重要な鍵は、台湾島に対する米中の戦力集中競争だ。この戦力集中競争は米国には大変不利と言える。中国が台湾海峡の百数十～二百数十キロを渡って来るのに対し、米国は何千キロも離れたところから軍事力を投射しなければならない。

この不利点を解消するのが日本である。日本の在日米軍基地をはじめとし、日本の土地を利用して米軍の台湾集中を支援する。この日本の対米支援が台湾防衛の鍵となる。幸いにも、安倍総理（当時）が、平成二十七年に平和安全法制を制定された。この法律により、日本は、重要影響事態と認定すれば、米軍に対する燃料補給や弾薬輸送支援などの後方支援を実施でき、また存立危機事態と認定すれば、集団的自衛権の一部を行使して米軍の艦船や航空機を防護できる。日本は米国の支援要請があれば、最大限の支援を行うことが重要だ。日本の米軍支援により米軍戦力の台湾集中が容易となる。その結果、台湾の現状が維持される事は、日本の国益につながる。普段は気づかない事だが、地政学的に、中国の脅威に対して台湾が日本の防波堤になっている。台湾が中国の手に落ちれば、与那国島は常に百十キロの距離で、中国と対峙しなければならなくなる。台湾を守ろうとする米国を支援することは、中国の太平洋進出の野望を食い止めることになり、ひいては日本の安全保障のために、極めて重要ということを理解すべきである。

余談になるが、もしこの平和安全法制が制定されていなければ、台湾有事における対応は極めて難しい状況になると容易に推測できる。安倍総理は、当時、野党や一部のメディアの反対にも屈せず、支持率が一〇％近く落ちても、法案制定に向けて心血を注がれた。安倍総理の先見の明に感謝したい。

《日本も攻撃対象》

習近平主席は、米軍の戦力集中を遅らせることが勝利に繋がることを理解しているだろうから、日本の対米支援をあらゆる形で妨害してくるだろう。もちろんそれは当初は非軍事的な手段をもって、中国の仕業と分からないよう事故や火災に見せかけ、電気、ガス、水道や交通機関の破壊工作を行うであろうし、あるいはサイバー攻撃により、金融機関、宅配業者や病院、そして政府・地方自治体・公共機関などのネットワークを機能不全に陥れ、日本全体の社会活動を混乱に陥れることから始まる可能性がある。

二〇二一年十月十日、JR東日本の首都圏十八カ所にある基幹変電所の一つ、「蕨交流変電所」（埼玉県蕨市）で火災が起き、変電所内にある変圧器周辺が燃えた。この影響で停電が起き、山手線や京浜東北線、埼京線など、東京や埼玉を中心に首都圏のJR在来線は一時広範囲に運転を見合わせ、最大七時間の運休、利用客約二十三万六千人に影響した。

このような火災は、人為的に起こすことが可能だ。鉄道が止まり、銀行のATMもストップ、宅配も停止、病院の電子カルテが作動せず、役所の手続きができなくなることを想像しただけでも社会の混乱状態が理解できるだろう。それがSNS上で憶測情報となって飛び交い、その中に中国発の過激なデマ情報、フェイクニュースが氾濫すれば、日本社会はパニックに陥ることになる。

その混乱する状況において、中国政府から、中国の国内問題にかかわり、日本がアメリカを支援するなら、日本に対する様々な対抗措置をとると脅しが入り、レアアースの輸出停止や、経済案件の調整停止、そして在中国日本企業の従業員の一部が拘束されれば、日本国内は、対米支援中止の声が高まるだろう。

ちなみにこの三つの対抗措置は、二〇一〇年、日本は経験済みである。尖閣諸島沖で、海上保安庁の巡視船に体当たりした中国漁船の船長を石垣島の地検において取り調べを行っている際に中国が取った行動だ。漁船の船長一人で、この対抗措置である。対米支援を停止させようとする中国の対抗措置は、おそらく、約一万二千七百社の在中国日本企業に及ぶことは間違いない。資産凍結はじめ、約十一万人のうち逃げ遅れた在留邦人は、身の安全は保証されるだろうが国外への移動は認められず、実質的な人質となる可能性が高い。

こういった状況に陥った時、日本の世論はどうなるであろうか。中国の脅しに惑わされて、一部メディアの過剰な反応により、対米支援反対活動が拡大され、大きな混乱を招くであろう。国会議事堂・官邸・議員会館周辺は反対派のデモの嵐となり、それを誇大に強調するメディアがさらに拍車をかける。

加えて、中国は、与那国島・石垣などの先島諸島の無力化を画策してくると見た方がいい。陸上自衛隊は、与那国島・石垣島・宮古島に駐屯地を配置しており、また航空自衛隊

与那国町比川地区海底ケーブル

のレーダーサイトも宮古島にある。さらに海上保安庁など、政府関係の施設は、我が国の防衛、治安維持上不可欠である上、米軍支援においても重要な機能を果たす。これらが機能しなければ、台湾侵攻はやり易くなる。

非軍事手段によって各島の無力化を図ろうとすれば、各島内に所在する発電所や送電設備をはじめとするエネルギー関連施設、あるいは離島通信の要である海底ケーブルを破壊すればいい。海底ケーブルの中味は光ファイバーであるが、脆弱である上、無防備のまま、海上から陸上部に上がり、地上の小さなコンクリート施設である陸揚所から島内各所に配信している。

石垣市と竹富町では二〇一九年九月三十日～十月一日にかけ通信が約十一時間途絶え、固定電話や携帯電話、インターネットが使えなくなるなどの大規模通信障害トラブルが発生した。報道によれば、「石垣市と竹富町などで起きた大規模通信障害の原因となった海底ケーブル陸上部二カ所の損傷のうち、与那国町のケーブルが県道の除草作業中に誤って切断された可能性があることが三日、分かった」（沖縄タイムズ二〇一九年十月四日）。

インターネット、電話回線の九七％を海底ケーブルに依存している状況において、これが切断されると、この地域は完全に通信のブラックアウトとなる。除草作業で切断されるのだから、中国がやろうと思えば簡単だ。ここぞという時を狙って切断してくると見て対応を考えておくべきだ。これは企業任せではなく、国策として守るべき対象ではないのか。

先に述べた、中国の八月四日の中国重要軍事演習におけるミサイル射撃では、与那国島から約八十キロの海上に着弾している。着弾した演習海域の価値について、米国のシンクタンク、戦略国際問題研究所（ＣＳＩＳ）は、この地域を「中国がコントロールすることにより、米軍や自衛隊が北東側から台北に兵力を展開させることが困難となる」と述べている。

ブラックアウトし、連絡が不通となった与那国島を密かに軍事侵攻して占領し、約一千七百名の住民を強制的に追い出せば、与那国国家の独立宣言を強行してしまうかもしれない。もちろん、与那国島には二〇一八年から陸自部隊が駐屯しているので、そう簡単にはいかないが、多勢（たぜい）に無勢（ぶぜい）となると難しい。陸自駐屯部隊の増員や、情勢に応じた陸自部隊の即応展開が必要となる。

余談になるが、四日のミサイル射撃は、日本に対する威嚇の意味も含め、与那国島から八十キロメートルの地点に一発と、その南、波照間島から約百十キロの海上を含む日本の排他的経済水域（EEZ）内に五発着弾している。EEZ内で他国が訓練することは、国際法上問題がないとはいえ、与那国島や石垣島の漁師が活動している自国のEEZ内に実弾射撃を撃たれているのである。日本が中国領土近傍地域に実弾射撃をすれば、中国はどんな対応をとるだろうか。

そうした意図的な射撃をされたにもかかわらず、日本政府が八月四日夜、直ちに行ったのは、森健良外務次官が孔鉉佑駐日大使に電話で「強く抗議するとともに軍事訓練の即刻中止を申し入れた」だけだ。その後、八日も経過した十二日、新内閣組閣後に国家安全保障会議（NSC）を開いているが、わずか二十分。国家主権が脅かされ、国家として毅然とした対応を取るべき事象だったにもかかわらず、たったこれだけだ。

NSCは外交と防衛を日本の国益の観点から総合的に考えて対応を決めるために設置された組織だ。今回の事態も外交と防衛を含めて、どのように日本国としてとらえ、どのように対応すべきなのか議論し、措置対策を決めるべきだ。そのうえで、事態の性質と日本政府の対応を国民に周知するのが政府の責務ではないのか。国民を無知の世界に置いておくことが民主主義の姿とは思えない。一体この国の危機に対する感度はどうなっているのか。政府だけではない。問題認識を唱えたメディアも皆無だった。

その後の十月～十一月の北朝鮮の度重なるミサイル発射には厳しく反応しているが、なぜか中国には甘い。もし、我が国の政治・行政・メディア関係者において中国に対する遠慮・配慮があるとするならば、ゆゆしき状況だ。

本題に戻そう。このように中国が台湾軍事侵攻を準備し、日本に対しては、非軍事的なテロや工作活動、情報戦、そして恫喝を仕掛けてきた場合、我が国が為すべきことは非常に多い。国内各地で生起するテロ、情報戦対応、中国在留邦人約十一万人、および台湾在留邦人約二万人の輸送・救出。そして、与那国・石垣・宮古等先島諸島約十万人の国民保護、陸自部隊の展開をはじめとする南西諸島防衛の強化、米軍の要請に応ずる米軍支援、台湾から押し寄せてくるだろう避難民の受け入れ等々だ。

同時に、中国からの「対米支援を中止せよ。さもなくば日本が痛い目に遭う」という恫喝にも屈しないことが重要となる。二〇二一年七月、『日本が台湾問題に首を突っ込むなら核攻撃しろ』という軍事チャンネル「六軍韜略」が制作した六分間の動画が、中国の動画投稿サイト・西瓜視頻にアップされ、最初の公開から削除までのわずか二日間で二百万回以上再生された。いったんは削除されたが、中国北西部陝西省宝鶏市の共産党委員会により再公開された。中国は核を持たない国には核攻撃を行わないと宣言をしているが、日本が台湾問題に首を突っ込んだら、「例外的に」核を使用してもいいと、この動画は主張している。台湾有事の際、この種の動画が拡散されるのと呼応するように、中国政府から同じ恫喝が行われるのは間違いない。

それでも、日本の国民が毅然と立ち向かい、対米支援を続けるものと期待しているが、ここで日本政府が二〇一〇年の漁船船長事案と同様、中国の恫喝に負ければ、それで日米同盟は崩壊し、中国の勝利となる。ここが、日本として生きる道の大きな岐路となる。プーチン大統領は、継続的にウクライナに対して戦術核攻撃の脅しをかけているが、ウクライナ国民はそれに屈せず、勇敢に戦っている。我が日本の意志がウクライナよりも弱いことはないだろう。

その後、米軍の戦力が台湾に上陸し、実際に米軍と中国軍の交戦が始まれば、習近平主席も、勝つためにはなりふり構わず、プーチン大統領同様、戦略的に妥当性のない作戦指導に陥る危険性がある。それまでは抑えていた日本全土への攻撃にも踏み切るとみておくべきだ。

　プーチン大統領は、劣勢に立ち、苦戦を強いられ始めた二〇二二年十月以降、ウクライナ国民の厭戦機運を高めようとウクライナ全土の発電所や水道などエネルギー施設への攻撃を実施した。十月十日には、ウクライナ全土二十カ所以上に対し、八十発以上のミサイル攻撃や空爆。十一月十五日には首都キーウや西部リビウなど全土にミサイル九十発以上や無人機による攻撃を実施した。

　中国も、日本の厭戦機運を高めるとともに、在日米軍の機能を破壊するため、日米同盟との直接対決、すなわち在日米軍基地、自衛隊基地、政経中枢施設、発電所等のインフラ施設をはじめとする日本へのミサイル攻撃や特殊部隊による大規模なテロ活動、および日本のシーレーンに対する攻撃などをためらうことはなくなるだろう。

　完全な日本有事である。巻き込まれるのではなく、日本が攻撃を受ける戦争当事者になり、日本国家としての生存に大きくかかわる事態に発展することになる。

　日本が自由主義諸国の一員としての道を生きていく上で、避けることのできない防衛行動を実行せざるを得なくなるのだ。

　ここまで提示した簡単な侵攻シナリオは、当初は、日米に対する軍事行動を控え、日本に対する非軍事的な攻撃によって日米の連携を妨害し、米軍の戦力発揮を遅らせるというものだ。だが、短期決戦で台湾を武力統一しようとする習近平主席としては、当然、当初から在日米軍基地、それを支える日本のインフラ機能を壊滅させて、米軍の戦力発揮を阻止してくるシナリオも念頭に置いておく必要があることは付言しておきたい。

ちなみに、米国のシンクタンク、CSISが、二〇二三年一月九日に発表した報告書「次の戦争の最初の戦闘」においては、二〇二六年に中国が台湾に侵攻するという設定で数多くのシナリオに基づく軍事シミュレーションを二十四回行っている。総括的には、侵攻は失敗するが、米国や日本側に艦船、航空機、要員の甚大な損失が生じるとしている。またウクライナのように、戦争が行われている間、継続して台湾に武器等支援は実施できないとして、米軍の迅速な介入が不可欠であり、日本の役割が「要（かなめ）」と指摘した。

侵攻は最初の数時間で台湾の海空軍の大半を破壊する爆撃で始まり、中国海軍は台湾を包囲し、数万の兵士が軍用揚陸艇や民間船舶で海峡を渡り、空挺（くうてい）部隊が上陸拠点の後方に着陸すると想定している。しかし、最も可能性の高いシナリオとしては、侵攻は失敗すると見積もっている。台湾の地上軍は上陸拠点の中国軍を急襲し、自衛隊によって支援された、米国の潜水艦・爆撃機、戦闘機などが上陸船団を無力化。「中国は日本の基地や米軍の水上艦を攻撃するが、結果を変えることはできない」と、日本が攻撃を受ける事態を想定するも、台湾の自治権は維持されると結論付けている。

一方で、米国と日本は米空母二隻を含め艦船数十隻、航空機数百機、要員数千人を失うと見積もるとともに、米国の世界的な地位を弱め、中国側も海軍力の壊滅など重大な損失を被ると指摘した。さらに、軍事支援を継続しつつも派兵はしないウクライナへの関与とは異なり、「米国が台湾を守るのであれば、米軍は直ちに直接的な戦闘に従事する必要がある」と強調している。同時に、在日米軍基地からの米軍の展開は「米国介入の前提条件」であり、日本との外交・安全保障関係のさらなる深化を優先させるべきだと提言している。

本シミュレーションの主体をなす「ウォーゲーム」の設定は、現実の戦闘を精緻に模擬したものではない。また、戦争開始の軍事態勢も現実味に欠けるものであり、このシミュレーション結果の数字などを、そのまま活用することは適切ではないと認識している。しかしながら先に述べた政治的メッセージは傾聴に値するものである。特に重要な点は、中台紛争においては、関係する全ての国が甚大な被害・損害を被ることになる。紛争を抑止するためのあらゆる努力を惜しまない事が重要であるという事だ。

第三章

日本の生きる道は?

日本を守り抜く国家戦略

《自分の国は自分で守る》

「中国の夢、中華民族の偉大な復興」の実現に向け、中国の急速な軍拡は止まるところを知らず、覇権拡大が現実のものとなっている。片や頼みとする米国は、世界の警察官の役割を放棄して自国第一、内向き志向を強め、国内では、様々な分断・亀裂が生じ、その民主主義さえもが揺らぎ始めている。アフガンからの撤退、ロシアのウクライナに対する侵略に対しても、頼りにできる強い指導力を発揮しているとは言えない。

日米同盟が我が国の安全保障上、不可欠であり、大きな柱であることには全く変化はない。しかしその米国自身が、近い将来、中国を抑止できなくなる可能性に気づき始めた現状において、我が国はこれまでどおりの戦略で、本当に自国の安全を保障できるとは思えない。中国の脅威に目を覚まし、自分の国は自分で守るという意志と能力を強化しない限り、我が国の生存・発展に大きな禍根(かこん)を残しかねないと、強い危惧(きぐ)を抱いている。

その大前提が国民の愛国心・抵抗意識である。すでに述べたが、大統領はじめウクライナ国民の戦う姿勢があるからこそ、米欧は武器も弾薬も渡し、経済支援もする。「天は自ら助くる者を助く」、国のために戦う意志のない国民を誰が助けるだろうか。大統領が国外逃亡したアフガンでは、市民は武装組織タリバンの圧政の下に置かれている。そのアフガンからの撤退において、バイデン大統領は、「アフガン国軍自身が戦おうともしない戦いで、アメリカ人が死んだり戦ったりすることはできないし、するべきでもない」と発言した。

自分の国を自分で守るため最大限の努力を払う本気度、そしていかなる時にも必ず共に助け合える日米同盟に強化しようという我が国の本気度が問われている。

《国家安全保障戦略とは》

その自国を守ろうとする本気度が文書で示されるのが国家安全保障戦略である。安全保障戦略は、国家の三要素である領域(領土・領海・領空)、国民、主権、およびその主権を持つ国民が支持する国家の枠組みや体制および文化・伝統・歴史も含め、これらを確実に守ることにより、国の独立と平和を保障し、国家・国民発展の基盤をゆるぎないものにするためにある。

この際、この守るべきものすべてに影響を及ぼす脅威、すなわち軍事的な脅威はもちろん、政治・経済・外交・情報・技術等、あらゆる非軍事的な脅威を対象とし、最悪の事態を想定したうえで、安定した国民生活を維持させることをも含めるべきであるが、これらすべてに完全無欠な対応は不可能である。従って、想定される脅威に応じた被害・損害（リスク）に対し、どこまで守るかを目標として定め、この目標達成のための方策・手段を計画・準備することが、国家危機管理（リスクコントロール）として不可欠である。

結論から言えば、国家安全保障戦略において、最も重要かつ外すことのできない要素は、

①中国を、（政治外交的表現は何であれ）脅威として明確に捉えた上で、反撃力を含む我が国独自の抑止力を強化すべきという点。

②戦争領域・戦争形態拡大の変化に対応して、守るべき対象を政治・経済・技術・情報など非軍事を含む国家全体の機能に拡大し、平時の段階から有事に至るまで、隙の無い抑止力を強化すべきという点。

③「台湾有事は日本有事」という認識に立ち、最悪、中台紛争が生起して中国による経済制裁や工作活動そして軍事攻撃があろうとも、先島諸島をはじめ日本列島を守り、また台湾、中国在住の邦人を確実に救いつつ、台湾防衛に参戦する米国を最大限支援できる体

制を構築すべきという点である。

《中国を脅威としてとらえ、日本独自の抑止力を強化すべき》

国家安全保障戦略が対象とする今後約十年における最大の脅威は、今世紀最大の課題とも言われる、中国の覇権拡大である。

米中新冷戦時代は、両国の国力の趨勢（すうせい）等から少なくとも二〇五〇年代までは対立が継続する可能性がある。米国第一主義の傾向と国内分裂の様相が悪化していく場合は、さらに冷戦状態は長くなる可能性も念頭におく必要がある。

また、これまで中国に対する日本の外交は、冷静かつ毅然とした対応を取ると言いつつも、成果があったのかどうかは大きな疑問である。今一度、日本として、中国に如何（いか）に向き合っていくのかを国家安全保障戦略において、あるべき姿を確立することが欠かせない。

特に、日本はこれまで、中国を「脅威」と言わず「重大な懸念」で押し通してきたが、政治・外交的な公式発言はともかく、政府内の認識として、真に国民を守り抜く戦略策定に当たっての脅威認識にずれが生じていると戦略を誤ることになりかねない。まさに戦略策定の入り口で齟齬（そご）をきたさないことが重要と考える。

このような状況において、中国の核戦力の増強および日米が現有する装備では防御不可能な極超音速滑空兵器の実験に中国が成功したことなどにより、米国の拡大抑止力が相対的に低下している。このような時、核戦力、通常戦力共に急激に強大化する中国の軍事力に、どこまで日本が覚悟を持って本気で独自の抑止力を強化できるか、そしてどこまで米国の拡大抑止力を繋ぎ止められるかは、日本の安全保障上、極めて重大な岐路に差し掛かっている。

さらに、台湾海峡は極めて高い緊張状態にあり、既述したとおり、二〇二七年（建軍百年、習近平主席四期目選出の年）、あるいは二〇三五年（軍の近代化）を睨んだ危機説、あるいは、それ以前に侵攻が生起するとの米国高官の発言を、単なる警告として捉えるのではなく、「台湾有事は日本有事」になるという日本自身の問題としての危機意識を持ち、可能な限り抑止力を強化して、最悪の危機においても我が国の安全を確実に保障し得る備えを怠らないことが重要である。

核抑止力も含め、日本独自の軍事力では中国を抑止できないというのが実態である。一方、米国は、オバマ大統領の「もはや我々は世界の警察官ではない」発言に始まり、トランプ大統領の「米国ファースト」、そしてバイデン大統領の「突然のアフガンからの撤退」

に見られるように、内向き志向が顕著となっている。まさに、「いつでも頼りになる米国」像に揺らぎが生じており、我々は、「変数化している米国」の現実を直視する必要がある。

全てアメリカに頼り切っていると、最悪の場合、米中が日本の頭ごしに紛争に決着を付けてしまい、たとえば、中台紛争時、尖閣諸島と与那国島を取られた状態で国境線が引かれて終わる、という事態は想定される。アメリカに頼らなくとも少しでも日本独自で抑止力を向上させる戦略の大転換が重要であると同時に、アメリカにとっての日本の価値を高め、アメリカが日本から離れられない、引き下がれないほどの日米関係にさせる覚悟と努力が必要である。

このため、「自分の国は自分で守る」という至極当然の原点に立ち、日本を確実に守り抜く態勢を構築するため、できることはすべてやり尽くすことが必要だ。

その一つが、日本自らの反撃力の保有である。そもそも抑止とは、侵略を起こすことの代償が、得るものよりも大きいことを相手に脅威として認識させることにより成り立つ。相手にすれば「攻撃したら、やり返される」との脅威を抱かせる反撃力を持つことが抑止に繋がる。現状、日本はこの反撃力のすべてを米国に頼っているが、アメリカの負担を少しでも減らし、反撃においては、日本も共に戦うという共同体制を作ることが重要だ。

そうでなければ、米国からすれば、「日本のために、米軍兵士の命をかけて反撃するのに、日本は黙って見ているだけか」という思いだろう。極超音速滑空兵器などに対して、日本の防衛力に欠陥がある以上、防御できないのであればやむを得ない。「撃たれたら撃ち返す」という自衛のための反撃力「自衛反撃力」を保有し、その能力と意思を示すことにより、相手の攻撃意図を抑止するほかない。この点は、後ほど改めて述べたい。

《防衛政策、戦後最大の転換》

幸いにも、二〇二二年十二月十六日の閣議において、戦略三文書（国家安全保障戦略、国家防衛戦略、防衛力整備計画）が決定された。我が国の防衛政策上、戦後最大の転換点となるもので、歴史的なことであると評価したい。特に、国家安全保障戦略においては、増大する中国の脅威に対し、「これまでにない最大の戦略的な挑戦」と、深刻な危機感を持った上で、相手の持つ能力に着目して、これに確実に対抗するという脅威対抗型の防衛力を明確に強化しようとしている。

先に述べたように、「脅威」と明記するかどうかは、政府内の考え方があるものと推測する。対話のできない北朝鮮を「一層重大かつ差し迫った脅威」と位置づけ、対話の可能性がある中国を脅威ではなく、「これまでにない最大の戦略的な挑戦」と区別したのであろう。これは、脅威というものが、相手の「能力＋意思」で構成されている以上、抑止力を高めるには、相手の意思に直接働きかける対話の手段・機会があればより有効であり、それがまだ残っている中国と、対話の機会も生み出せない北朝鮮の脅威認識を区別したのであろう。恐らく、これはバイデン政権も同様の立場をとっているものと思われる。

ただ、その言葉の表現に工夫をしたうえで、戦略三文書の内容そのものは、ほとんどが中国を脅威と認識しての対応が記述されており、評価したい。また、反撃能力の保有も明記され、加えて、反撃能力保有のスピードを、国産のミサイル開発と同時に、外国製のミサイル（トマホーク）を保有することにより、一年でも早く加速しようという姿勢は、必要性に迫られているという脅威認識の表れでもある。

さらに、国家防衛戦略においては、真に戦える防衛力の抜本的改革が重要として、七項目（スタンド・オフ防衛能力、統合防空ミサイル防衛能力、無人アセット防衛能力、領域横断作戦能力、指揮統制・情報関連機能、機動展開能力・国民保護、持続性・強靱性）を重視して具体化を急ぐこととしている。我々には残された時間があまりない、という認識に立ち、確実に我が国を守り抜ける防衛力に向け、抜本的に改革しようとしており、大いに期待したい。

本章では、これら戦略三文書の評価も含めながら、前章で述べたような台湾有事が生起した場合においても、確実に我が国を守り抜くため、どのような対応、あるいは準備をすべきなのか、私見を述べたい。

国境の島を守る

《尖閣諸島をどう守るか》

尖閣諸島は、軍事的には台湾と同一の作戦地域となる。中国が台湾侵攻を企図した場合、尖閣諸島正面には兵力を節用し、台湾本島に戦力を集中して短期決戦で占領することが作戦における「集中の原則」だ。

兵力を節用し、日本に尖閣諸島を利用させないようにするには、海上民兵など非軍事力をもって上陸させ、島の占拠の既成事実化を図ってくるだろう。日本が、島の奪回のため陸自部隊を投入した場合、自衛隊の少ない戦力を尖閣正面に割くことにもなり、結果的に中国の思うつぼ、陽動作戦に乗ることになる。

したがって、非軍事力としての海上民兵の上陸に際しては、法執行機関としての海上保安庁と警察をもって海上民兵を島から排除し、自衛隊は後方において中国軍に対峙することが賢明だ。仮に中国軍が上陸した場合は、防衛出動として、長射程ミサイルにより上陸部隊を撃破し、島の占領の既成事実を作らせないことが妥当である。陸自部隊による島の奪回作戦も一つの案であるが、奪回後、島を防衛する陸自部隊に対し、中国のミサイル攻撃が予測され、地積が狭い上に隠れる場所もなく、地下の抗堪施設を建設する時間的余裕もない中、上陸した隊員の生存を保証することはできない。であれば、火力により絶対に上陸させない戦略をとることが、理想ではないが現実的な最善策だろう。

上陸した場合、必ず日本からのミサイル集中攻撃を受けるとなれば、中国軍も上陸をためらうだろう。このためにも、現在防衛省が進めている島嶼防衛用高速滑空弾などの長射程ミサイルおよび長距離ドローンによる情報収集力強化は不可欠だ。陸自の水陸機動団などの離島奪回に任ずる部隊は、尖閣以外の先島諸島防衛のために専念させることの方が価値がある。

《先島諸島は国民保護、防衛、避難民対応の複合同時対応となる》

与那国・石垣・宮古島防衛においては、まず重要なのが島民の避難である。情勢が緊迫した段階で、努めて早期に島民に安全な地域へ避難してもらうことが欠かせない。与那国約一千七百人、石垣・西表約五万二千人、宮古約五万五千人、合計で最大約十一万人の避難が必要となる。もちろん、自治体・自衛隊・警察・消防や、電力・通信（海底ケーブル含む）・ガス・水道などの関係者は残る必要があるし、島民全員が避難に応じるとは限らないだろうから、残った人たちへの配慮も必要となる。中には中国の意向に沿った人物が紛れ込んで来る可能性もある。

概略十万人が避難すると仮定して、その際の課題が多く存在する。一つは、早く避難してもらいたいが、行政的に避難を統制できる国民保護法の適用は、有事の段階からであり、それまでは法的には国・自治体として災害対策基本法による避難活動を促すしかないのが現状だ。

国民保護法は二〇〇四年の有事法制に併せてできたもので、武力攻撃事態、武力攻撃予測事態、および大規模テロを対象とした緊急対処事態にしか適用できない。また、この法律の第四条では、実施された措置への協力は国民の務めであって強制力を伴わない、としているため、国民保護法が適用されたとしても、退去はあくまでも島民の意思という枠組みだ。結局は島民の自由意思とならざるを得ない。

避難に関わる費用はもちろん政府が出すべきだろうが、どこで、そして誰の責任で、約十万人を受け入れるのかという課題も解決しておく必要がある。避難した先のことも含め国が保障しないと自由意思では避難しないだろう。こういったことを踏まえると、早い段階から自治体の首長に、住民に対する情報の投げかけを行い、避難の必要性と緊急性を理解して貰わないと有効な避難に繋がらない。しかし、秘密度の高い敵の情報を早い段階で、どこまで提供できるかは、かなり難しい判断となるため、この点も早めに解決しておかなければならない。

そのうえで、住民に同意してもらっても、過去の研究成果（国士舘大学准教授中林啓修（なかばやしひろのぶ）氏・二〇一八年論文）では、避難には二十日以上かかるとされている。これは、後述する中国からの邦人輸送は考慮されていないため、輸送力の関係上、二十日からさらに日数を要することになる。このため、離島の空港・港湾を拡張して大型の航空機や輸送船が一挙に利用できる体制を整えるとともに、輸送力を増やすという観点において、自衛隊の輸送機・輸送艦の増強も必要だ。

基本的に自衛隊は、情勢緊迫時の早い段階から、抑止という観点で北海道から九州にわたる陸自部隊の多くを南西諸島に輸送して展開させ、南西諸島の守りを固める。このため、海自、空自の輸送機・輸送艦は離島への輸送に集中することとなるが、これらが引き返す際に、島民を本土に輸送するという措置が有効となる。自衛隊の輸送力が増強されれば、南西諸島防衛の態勢強化が迅速になると同時に、島民避難のスピードも速くなる。この際、各島の空港・港湾の機能が大きくない上に、島民避難のための民間輸送力による避難も行われており、空港・港湾が飽和状態になる可能性が高い。

このためにも、速やかに各島の空港・港湾の機能拡張を急ぐ必要がある。この輸送力の課題は、後ほど述べるが、同時期に輸送所要が発生する台湾・中国からの邦人輸送においても同様だ。

加えて、台湾からの避難民対応も重要かつ悩ましい課題である。ウクライナでは、人口四千万人のうち、老人・女性・子供を主体に約七百八十万人、二割が国外に避難している。台湾有事においてこの割合を適用すれば、人口二千三百万人のうち、約四百六十万人は避難所要が発生するだろう。陸続きのウクライナと海を隔（へだ）てた台湾とでは避難の容易性が異なるが、それでも台湾に近い先島諸島には多くの避難民が押し寄せる可能性が高い。

ベトナム戦争の際には、与那国島までボートピープルが流れ着いたとの話を与那国町長の糸数氏からお聞きした。日本政府として管理できない状況で、島に流れ着いてくることも念頭に置く必要がある。多くの島民が避難したのちに、台湾から大量の避難民が流れ着いた場合、そしてその中に中国の意図を受けた者が潜入してくることを否定できない状況をも考えた場合、これら避難民に対応するための組織的な活動が必要となる。

さらに、各島のインフラの抗堪性を増す必要がある。海底ケーブルの維持は現状、民間任せであるが、中国の工作員などから簡単に切断されないようにするとともに、切断されても速やかな代替措置がとれるよう、国が予算措置を講じることにより民間事業者がその対策を強化することが不可欠である。また、ウクライナの発電所がロシアからミサイル攻撃を受けているように、島の発電所、送電施設は攻撃対象になるとともに、空港・港湾も同様に破壊の対象となる。有事における、これら重要インフラ防護も考慮に入れる必要がある。

このようなことを踏まえれば、今後速やかに、平時からグレーゾーン段階において、先島諸島住民の退避が円滑に実行できる現実的な枠組み・制度・体制を整えるとともに、残った人たちを守るための体制構築が必要である。

具体的には、(1)国民保護法が有事以前から適用できるように法改正も含めた検討をする。(2)情勢緊迫時における自治体への情報提供の在り方について検討する。(3)台湾有事における国の広域避難計画を作成するとともに、連動して沖縄県の国民保護計画作成をより現実的なものに深化する。(4)これらの計画に基づく定期的な国民保護措置訓練を実施する。(5)離島に残る方々を防護するシェルター等、自存・自活機能を整備するとともに、インフラ防護のための防衛措置を講ずる。(6)情勢緊迫時、民間航空・船舶による輸送力が拡充できるよう国としての施策を検討するとともに、自衛隊の輸送力を増強する。(7)離島の空港・港湾を拡張し、迅速な避難および離島防衛ができるようにする。(8)島民が避難先において長期滞在・宿泊する施設等の確保策を検討する。(9)離島における台湾からの避難民受け入れ体制を検討する。以上のことは必須である。

十数万人の移送と台湾からの避難民受け入れ体制の整備は、まさに国家的なプロジェクトとして早めにやらないとできない。そういう認識を持ち、官邸、総務省、財務省、経産省、国交省、防衛省、警察庁等関係省庁はもちろん、自治体が一体となり、それぞれがどのような役割を果たすべきか真剣な議論の下、迅速かつ安全確実な先島諸島住民の広域避難及び台湾避難民受け入れ体制を構築すべきである。

ちなみに、二〇二三年三月十七日、政府が主催し、沖縄県と先島諸島五市町村が参加する、初の国民保護図上訓練が実施された。武力攻撃予測事態において島民十一万人と観光客一万人を九州へ避難させる想定だ。県は訓練で、一日二万人ずつ輸送し、六日間で全員の避難が完了するとの試算を示した。本訓練では、悪天候の際の運用、自衛隊の空港・港湾使用、要介護者の手助け、そして避難先となる九州での住居の確保などは考慮されていない。速やかに解決すべき課題だ。

終戦間際（まぎわ）の昭和十九年夏、沖縄県が示した県民の「島外避難（疎開）」対象者数は、約十万人。先島諸島における広域避難を要する住民数も、また十数万人。沖縄戦の教訓を、決して「風化」させてはならない。

在外邦人を守る

《在台湾の邦人は日本に帰れるのか？》

中台紛争の可能性が高まると、外務省は、情勢に応じ段階的に、台湾、中国への渡航制限や退避勧告を行う。レベル1「十分注意してください」、レベル2「不要不急の渡航は止めてください」、レベル3「渡航は止めてください」（渡航中止勧告）、レベル4「退避してください。渡航は止めてください」（退避勧告）という危険情報に応じて、在留邦人および旅

（試算）
⑴現状
◆前提
・空自が保有する固定翼輸送機は、C-130×13機、C-2×17機（最終的には22機体制の予定）、KC-767（空中給油・輸送機）×4機、KC-46（空中給油・輸送機）×2機。なお、政府専用機B-777×2機は予備機として保留。
・それぞれの乗客数は、C-130；約90名、C-2；約110名、KC-767;約200名、KC-46;約110名。
・定期整備等を考慮して、可動率を80%と仮定。
・台湾からの邦人輸送を優先して、先島諸島への陸自の機動展開に係る輸送所要（空輸分）の比率を2対１の割合とし、使用する機種は、重車両の輸送可能なC-2を陸自の機動展開に重視して使用。
◆使用可能機数：
・邦人輸送：C-130×６、C-2×5、KC-767×2、KC-46×１
・陸自展開（帰路は島民避難に使用）：C-130×4、C-2×８、KC-767×1
◆1回の邦人輸送可能人員数：1600名；
90（C-130）×6＝540名、110（C-2）×5＝550名、200（KC-767）×2＝400名、110（KC-46）×1＝110名
◆所要日数：
・往復の飛行時間、地上での乗降に要する時間、台湾内空港使用時間割り当ての可能性、燃料補給の時間等を勘案すると上記輸送機による空輸は1回／日が限界と想定。
・5000÷1600＝3.125　5000名を約3日で輸送できる計算になる。

⑵2027年時点（計画）
◆前提
・空自が保有する固定翼輸送機は、現状からC-2が22機に、KC-46（空中給油・輸送機）が19機に増えるため、1回の邦人輸送可能人員数が2700名に増える。
◆使用可能機数：邦人輸送：C-130×６、C-2×6、KC-767×2、KC-46×10 陸自展開（帰路は島民避難）：C-130×4、C-2×11、KC-767×1、KC-46×5
◆1回の邦人輸送可能人員数：2700名
90（C-130）×6＝540名、110（C-2）×6＝660名、200（KC-767）×2＝400名、110（KC-46）×10＝1100名
◆所要日数
・往復の飛行時間、地上での乗降に要する時間、台湾内空港使用時間割り当ての可能性、燃料補給の時間等を勘案すると上記輸送機による空輸は1回／日が限界と想定。
・5000÷2700＝1.85　5000名を約2日で輸送できる計算になる。

行者は、企業等あるいは個人の判断で、逐次帰国してもらうことになるだろう。レベル4において、緊急的、多数の帰国者が必要となった場合は、民航機が飛行できる状況であれば政府はその措置をとるであろう。しかし民航機が飛行できない状況になった場合は、自衛隊機等による輸送が必要となる。

台湾には、約二万人の邦人が在住されており、自衛隊機等による輸送を必要とする人数を特定することは難しいものの、仮にその四分の一、約五千人とした場合、空白の輸送機で、現状、約三日間、輸送機が増加される二〇二七年度では二日間を必要とする（試算は右ページ）。

これは、日本（自衛隊）の輸送能力上の試算であり、台湾の空港に順調に離着陸ができたとの前提である。現状、台湾には邦人を含め、外国人が八十万人（インドネシア・ベトナム・フィリピン・タイで約六十九万人）以上在住しており、このうち数万人は軍用機による輸送が必要となるだろう。

二〇二一年八月、米軍が実施したアフガン撤退作戦においては、大型輸送機C17を主体に活用し、約十二万三千人を約十七日間（一日平均約七千五百人）で輸送している。迫りくる中国の脅威とタリバンのそれを単純に比較はできないが、少なく見積もって、仮に八十万人のうちの十分の一、約八万人を輸送したとすれば、約十一日間必要となる。
民航機も飛べない緊迫した状況の中で、刻々と迫りくる侵攻を前に、避難者を輸送するための軍用機が殺到し、また戦争に備え、必要な物資が空港に飛来するとなれば、空港の管制官は悲鳴を上げる状況だろう。ここに中国のサイバー攻撃や、空港インフラに対するテロ攻撃が生起すれば、その時点で空港機能はマヒする。

また邦人輸送作戦調整という観点においても問題が残る。空自機運航の調整は、台湾総統府および台湾空軍、加えて避難する側の各国との調整となる。これには所掌（しょしょう）としての外務省系統および防衛省両系統が必要であるが、現状、台湾との正式な調整系統は存在しない。

また現地における調整機能としては、台北に経済文化交流の窓口として日本台湾交流協会台北事務所があり、日本からは外務省ＯＢ等が勤務されている。領事機能として領事室がある一方で、彼らには台湾有事が起こった時、台湾在住の邦人を救うための責任や権限は与えられていない。しかし有事になった場合、この事務所以外に邦人を救うことができる組織もない。

これらのリスクを低減するには、民航機が飛行できる間にいかに多くの邦人を避難させておくかが重要だ。そのためにも、中国の軍事侵攻の兆候を早期に摑み、政府として責任を持って、早い段階から退避勧告を出すことが必要となる。このタイミングは、中国・台湾との外交関係においても非常に難しい政治判断となるが、米国との情報共有を密にし、タイミングを失しない判断をすることが重要となる。

日本政府は、台湾総統府との関係のあり方について見直す時期に来ている。有事において必要な連携がとれるよう、平時の段階から調整のための枠組みを設定しておくべきだ。また、これまで中国のクレームに配慮して憚(はばか)られてきた台湾との公的機関による調整枠組みを設定するとともに、併せて台湾に現職の陸海空防衛駐在官、外交官を派遣し、これら調整の促進を図るべきである。

事は日本人の命を守るためだ。いつまで「中国を刺激しない」ことにこだわり続けるのか。危機管理は段取り八分。段取りがない状況で危機に直面するとパニックになるだけだ。今のうちに段取りを組むべきではないのか。

《在中国の邦人は日本に帰れるのか?》

中国には約一万二千七百社の日本企業が進出し、約十一万人が在住されていることは先に述べた。この方々も、台湾同様、中台紛争の危険性が高まった段階で、外務省の退避勧告等に基づき、早期に帰国されるだろう。しかし、どうしても残らねばならない人や、中国の侵攻作戦などの状況により出国が制限され、逃げ遅れる方々が出る可能性もある。

台湾の邦人と違うのは、一度、日本政府が武力攻撃（予測）事態を認定して南西諸島防衛を強化し、あるいは重要影響事態や存立危機事態を認定して台湾を防衛する米軍の支援を決定した以降は、日中関係は緊張度が一気に高まり、前述したとおりの中国による様々な妨害・工作活動が始まるであろう。

平時であっても自衛隊機が中国に飛行することは難しい上、この段階において、中国に残された邦人を自衛隊機が迎えに行くことは不可能である。したがって紛争の危険性が高まった早い段階において、民航機によりなるべく多くの邦人に帰国してもらうことが最も重要である。極めて残念ながら、日中関係の緊張度が高まった後、日本政府として邦人を救える手段・方策は残っていない。

この点、時の政府としては、極めて難しいジレンマに陥る。中国に残された邦人の救出よりも国民保護、南西諸島防衛強化及び米軍支援を優先するのか、あるいは中国の邦人救出を優先するため中国との関係を重視し、国民保護等を後回しにするのか。どちらを取るにしても断腸の思いで決断せねばならないことになる。まさに二〇二二年八月六日～七日に日本戦略研究フォーラムが主催した台湾有事政策シミュレーションにおいて、総理大臣役の小野寺五典(いつのり)衆議院議員が、この重い判断に悩まれたのである。

現実としてそうならないためにも、在中国の邦人数を逐次に減少させ、同時に中国進出企業数も減らしていくことが重要である。二〇二二年に制定された経済安全保障推進法は、サプライチェーン（供給網）における中国への依存度を下げ、チャイナリスク低減において一歩前にでる画期的な法制であるが、法律にできる最低限の内容であった。さらに踏み込んだ改革が必要ではないのか。

中国に進出する日本企業は、二〇二二年六月時点で一万二千七百六社であり、二〇二〇年の調査から九百四十社減少しているという。この要因は「中国国内での新型コロナウイルス感染拡大と、中国当局によるロックダウン政策などを受けたサプライチェーンの寸断に直面。拠点を中国に集中させることのリスクが露呈し、政府も生産拠点の国内整備を後押しするなど、中国への〝脱依存〟に向けた新たな局面を迎えている」と分析されている（帝国データバンク、二〇二二年六月）。

たとえば、自動車メーカーのホンダは、国際的な部品のサプライチェーンを再編し、中国とその他地域をデカップリング（切り離し）する検討に入ったと報道された（産経デジタル、二〇二二年八月二十四日）。ホンダの生産拠点は、日本や中国のほか、米国、カナダ、メキシコ、タイなど二十四カ国に及ぶが、中国からの部品供給を東南アジアやインド、北米などにシフトできるか検討する方向とみられている。また同じく自動車メーカーのマツダも、中国経由で部品を納入している取引先の部品メーカー約二百社に対し中国以外や日本国内で在庫を保有するよう要請したとされている（産経新聞、十一月十二日）。

これらは、リスクマネージメントとして当然の流れであり望ましいことではあるが、在留邦人の安全までを考慮した動きとは捉えにくい。もちろん、日本の経済的繁栄において中国との関係は切り離せないほど依存度が高い。完全なチャイナフリーは難しいことは当然理解できる。しかし事は日本人の命、安全にかかわる問題である。いかにして対中国依存度を下げていくのか、人質外交の可能性が高い中、経済安全保障の在り方が問われている。

ぜひ、多くの企業において、経営上のリスクマネージメントのみならず、社員の安全を守るという視点からも検討が進むことを願っている。

全ての空間・領域・施設を守る

《中国の情報戦を見抜き、無力化する》

中国軍の利点と同時に、米軍の不利点は距離である。有事、中国は百〜二百数十キロの台湾海峡を渡ればよい。一方の米軍はグアムから三千キロ、ハワイから八千キロ、米本土からは一万キロ以上離れたところから戦力を投射する必要がある。この距離的不利を補うのが、日本の土地である。在日米軍基地を主体とし、日本の様々な支援を得て、米軍を台湾に集中することにより、米軍の距離的不利をカバーする。米中の勝敗を決めるのは台湾島への戦力集中競争であり、そのカギを握るのが日本の支援である。その日本の対米支援を阻止するため、中国は非軍事・軍事あらゆる妨害工作をかけてくる。これに勝つためには、日本全ての機能が強くなければ耐えられない。

中国発の、「悪いのは中国の内政問題に首を突っ込む日本であって、日本が米軍支援をやめれば日本が平和になる。覇権主義の米国と手を切れ」という主張が繰り返され、政府の足を引っ張るあらゆる偽情報が飛び交う中、国民が惑わされず、冷静な判断をする環境を作ることが必要である。中国が実施するだろうフェイクニュースに対し、速やかにファクト・チェックを行い、カウンターで正しい情報を発信することが不可欠である。

このためには、世に拡散するあらゆるSNS情報を収集して分析し、それが事実に基づく情報なのか、あるいは悪意ある偽情報を紛れ込ませた情報なのか、国民の判断に資する資料を提供する組織・機能が必要である。そしてそれは、政府系の組織、および公平性を保つため、非政府系の組織、両者のバランスある分析により、国民の信頼性を担保することが重要である。この点、国家安全保障戦略及び国家防衛戦略には、偽情報対策についての記述があり、今後、この方向で政府内の体制が整備されていくことを大いに期待する。

また、受け身だけではなく、中国の認知領域に対し、日本に攻め込んでも、日本には「勝てない」「損害が大きい」と刷(す)り込む、あるいは中国にとって価値があるものを失うというような戦略的情報戦（認知領域における作戦、制脳戦）を行うことが重要である。たとえば、仮に中国が武力行使に訴えれば、立ち直れないほどの経済的損失が生じると中国に思わせることや、日米同盟の結束が極めて強く、日本に手を出せば必ず米国の報復が待っていると中国に刷り込んでいくことは、大きな抑止に繋がる。

日米同盟および日本国内すべての分野にわたる総合的な国の体制が、強靱(きょうじん)かつ、やり返す準備までできているということを中国に認識させる総合的な情報抑止戦略の構築が必要であり、平時から実践していくことが必要である。このため、平素からあらゆる情報を収集するとともに、政府一体となった統一的、戦略的な情報戦・対情報戦の実行により、中国の三戦（輿論戦・心理戦・法律戦）の上をいく情報戦を仕掛ける戦略が極めて重要である。

　以上のようなフェイクニュースへの対応を含む情報戦のための体制整備は待ったなしである。戦略三文書には、「認知領域を含む情報戦について、偽情報の流布等に対応したファクト・チェック機能やカウンター発信機能等を強化し、有事はもとより、平素から、政府全体での対応を強化していく」「偽情報の流布を含む情報戦等に有効に対処するため、防衛省・自衛隊における体制・機能を抜本的に強化する」と記されている。

　しかしながら、政府としての情報戦対応の具体的な機能・組織のあり方までは明記されていない。これは情報という機微な性質の故であり、政府はしっかりと検討していくものと理解している。今後、内閣情報官を頂点とする我が国政府内の情報機関のあり方を検討する中で、こうした認知領域を含む情報戦に的確に対応するための機能を政府としてしっかりと保有していくべきである。その際、防衛省・自衛隊には、政府全体の情報戦対応の中で大きな役割を積極的に担っていく観点から、情報本部を中心として十分な機能を持った組織を構築していくことが求められる。

《中国のサイバー攻撃を局限し、対抗する》

目的によりサイバー攻撃の対象は変化する。日本社会を混乱に陥れ対米支援を妨害するためには、鉄道・航空等の交通機関、宅配サービス機関、銀行等ＡＴＭ、病院電子カルテ、自治体業務システムなどが対象となる。これらシステムが止まれば、正常な社会活動が停止し、パニックに陥る。各組織はそれなりにサイバー攻撃対応を施してはいるだろうが、中国の専門組織に狙われた場合は、確実な防御が取れるとは思えない。国としてのサイバー対策支援等の措置が必要だ。

さらに、日本国家としての防衛作戦や治安維持、および対米支援活動そのものを妨害するため、政府機関・自衛隊・警察・消防等に対する強力なサイバー攻撃は間違いなく生起する。このため、米軍同様、自衛隊のサイバー防護隊を大増強して自衛隊はもちろん政府機関のサイバー防護までをサポートする必要がある。

筆者が陸幕長当時表敬した米陸軍サイバーコマンド司令官によれば、陸軍として約二万人のサイバー隊員を育成・運用し、常に最新のサイバー戦の研究を行いつつ実戦に反映しているとのこと。数ある陸軍の職種の中でも、サイバー職種は第一線の戦闘職種に位置付けられているが、歩兵や戦車と違い、通常の日々の活動そのものが実戦であるとの認識を示してくれた。また陸軍として政府機関のサイバー防衛をもサポートしており、日本も参考になるものと思う。

サイバー戦は、常に進化との戦いであり、サイバー防衛網が破られることも想定し、その際の代替手段、あるいは被害極限対応までも準備しておくことが欠かせない。またサイバー攻撃対応に当たっては、防御のみで防げる時代ははるか昔に終わっている。現状、サイバー反撃力までも米国に頼らざるを得ず、その米国でさえ、いざという時に日本のためにサイバー反撃を実行するかどうかは、事態が生起してみないと分からないというのが実態であろう。日本独自のサイバー反撃力の保持は、喫緊の課題である。

この点、戦略三文書、特に国家防衛戦略においては、かなり踏み込んだ記述があり期待が持てる。「サイバー安全保障分野での対応力を欧米主要国と同等以上に向上させる」という表現や、被害の拡大を防衛するための能動的サイバー防御態勢整備として、「民間事業者等がサイバー攻撃を受けた場合等の政府への情報共有や、政府から民間事業者への対処調整、支援等の取組」「攻撃者による悪用が疑われるサーバ等を検知するために、所要の取組を進める」「可能な限り未然に攻撃者のサーバ等への侵入・無害化ができるよう、政府に対し必要な権限が付与されるようにする」との記述があり、対応力が向上するものと思える。特に「侵入・無害化ができるよう」という点は重要だ。これは、「無害化するために、侵入する」と理解できる。ウクライナが、ロシア政府・軍のサイバー空間に侵入し、ロシア側の命令や指示を確認しているのと同様、日本が中国のサイバー空間に侵入できれば、戦略的・作戦的に先手が打てる。サイバー防護のみならず、情報作戦上も極めて重要であり、政府に必要な権限が付与されるよう、具現することが必須だ。

同時に、能動的サイバー防御実現のための組織としては、「内閣サイバーセキュリティーセンター（ＮＩＳＣ）を発展的に改組（かいそ）し、サイバー安全保障分野の政策を一元的に総合調整する新たな組織を設置する」とあり、望むべき方向に進んでいると評価したい。今後は、このサイバー司令塔の統制の下（もと）、その実行組織として、今後四千名まで増強する計画のサイバー専門部隊とサイバー関連業務に従事する要員の総勢二万人をもって、サイバー攻撃対処から再発防止に至る政策措置までが一貫して実行されることを期待している。

特に国家防衛戦略では、サイバーの領域において、「相手方の利用を妨げ、又は無力化するために必要な能力を拡充していく」と明記されているが、有事の際に、妨げる能力は平素の能動的なサイバー防御にも活用が可能と思料する。また同時に、国家防衛戦略においては、「政府全体において、サイバー安全保障分野の政策が一元的に総合調整されていくことを踏まえ、防衛省・自衛隊においては、自らのサイバーセキュリティのレベルを高めつつ、関係省庁、重要インフラ事業者及び防衛産業との連携強化に資する取組を推進することとする」とされている。

防衛省・自衛隊が強化していくサイバーセキュリティの能力と体制が、平素から行われる政府全体の能動的なサイバー防御に大きく貢献することができるように発展していくことを期待している。

さらに、サイバー戦が日進月歩の進化を見せる中、進化の先を行く研究を産官学で行い、その結果を官民の組織に迅速に普及徹底していくためにも、イスラエルのベールシェバにあるようなサイバー都市構想も実現すべきである。

《宇宙空間における戦いで負けない》

今や、宇宙空間は極めて重要な戦争領域となっている。宇宙を制する者が戦いを制すると言っても過言ではない。習近平主席は、二〇一七年十月の第十九回共産党大会において、建国百周年の二〇四九年頃までに宇宙強国になると宣言した。これを受けた中国航天科技集団公司董事長は、「二〇三〇年には宇宙技術指標の六〇％まで引き上げロシアを抜き世界宇宙強国の仲間入りを果たす」、そして「二〇四五年には世界宇宙強国を全面的に建設する」としている。習氏は、中国空軍をして「中国空軍の革新的な任務は『制天権』の獲得だ」と命じており、まさに宇宙を制する者が戦いを制するとの認識のもとに強軍政策を進めている。

米軍は、宇宙空間におけるこれら中国の猛追を脅威に感じ、宇宙空間が主戦場・戦闘領域になるとして、二〇一九年十二月二十日に米宇宙軍を創設した。その翌年の二〇二〇年六月十七日、米国防総省は「国防宇宙戦略」を発表し、中国、ロシアは「宇宙における米国の活動に対する最も深刻で差し迫った脅威」との認識を示した。さらにその翌年の二〇二一年六月、米宇宙軍司令官は、米上院軍事委員会公聴会において、「宇宙戦力は十年以内に中国が米国に追い付く」との認識を示し、宇宙戦力強化の必要性を強調している。

日本もこれに歩調を合わせ、航空自衛隊に宇宙作戦隊を二〇二〇年五月十八日に発足させ、二〇二二年三月十七日には宇宙作戦群を新編。二〇二三年度には、レーダーや人工衛星を運用する宇宙状況監視（ＳＳＡ）システムの運用が始まることにより、不審な人工衛星や宇宙ごみを監視する体制が整備される予定だ。その後、二〇二六年度までにＳＳＡ衛星の打ち上げを目指しており、着実に監視体制は向上している。

しかし、このスピードでは、とても中国の宇宙力強化に太刀打ちはできない。政府が利用する通信衛星（高度三万六千キロ・静止衛星）は無防備であり、航空宇宙自衛隊が監視はできても、中国のキラー衛星からの攻撃（ロボットアーム、体当たり）から、逃れることはできない。また政府が運用する情報収集衛星（低高度）は、地上からの対衛星兵器の攻撃の脅威に晒されており、有事には撃墜される可能性が高い。このため、静止衛星軌道における対キラー衛星の保有はもちろん、低軌道において情報収集する衛星が撃墜されても直ちにカバーできる多数の衛星コンステレーション（群）を保有するとともに、即応して打ち上げが可能な即応打ち上げ型衛星の保有も整備する必要がある。

加えて、中国の通信衛星やＧＰＳ衛星に対するサイバー攻撃、および中国のキラー衛星を直接捕獲・破壊して日本に対する攻撃を抑制し、あるいは日本上空において偵察行動する中国の衛星に対する妨害装備の保有なども速やかに計画すべきだ。

中国が、日本国内における自衛隊・米軍等の行動や空港・港湾の使用状況などを常時宇宙空間から偵察し、日米の行動を読まれてしまえば、中国にとってこれほど楽なことはない。孫子の言う「敵を知り、己を知れば、百戦して殆(あや)うからず」を中国にさせないよう、中国の衛星に目つぶしを加えることは極めて重要となってくる。

この際、グレーゾーン段階からの電磁波戦を戦える体制を確立すべきだ。自衛隊は防衛出動が下令されない限り、妨害電波を発射して相手の通信網を混乱させるような電磁波戦の実施は困難だ。逆に相手はグレーゾーンの段階から自由に、自衛隊を含むあらゆる組織の電波使用を妨害できる。平素、電磁波戦を目的とした訓練において、総務省に電波使用の許可を求めても、長期間かかるという状態と聞いており、これでは戦う前から電磁波戦で負けている。二〇〇四年に有事法制が改定されたことにより、森林法、海岸法や電波法等の適用除外を受け、森林、河川や海岸に陣地を作ることができ、またいちいち総務省の了解をとらなくとも、任意の場所で電波を発信することができる。

ただ、これらはあくまでも防衛出動が発令された有事の場合に限られており、平時・グレーゾーンにおいては適用されない。現代の戦争形態に、法律が追い付いていないと言える。新たな法律、いわゆる「平時法制」の制定の検討、あるいは法令の運用解釈、および周波数管理を所掌(しょしょう)する総務省と平時の段階から電磁波戦を遂行する防衛省の間で柔軟な周波数割り当てが可能となるよう、連携体制の強化策を構築することが必要だ。この点は、戦略三文書において、「宇宙・サイバー・電磁波の領域において、相手方の利用を妨げ、又は無力化するために必要な能力を拡充していく」と明記されている。ぜひ前に進めてほしい。

同時に宇宙空間利用の国際ルール化も忘れてはならない。宇宙空間における国際法制度の構築は遅延しており、有志連合による連携も希薄である。宇宙における中国の軍拡を抑止しつつ、我が国の宇宙利用を安全確実に発展させるため、有志連合により宇宙空間における国際法規範の形成を急ぎ、主導権を握ることが欠かせない。

加えて、この宇宙・サイバー・電磁波空間は、防衛力というよりも、民間業者による活用が主体である。たとえば、衛星通信を担っているのは日本ではスカパーＪＳＡＴであり、自衛隊は利用者にすぎない。サイバー空間は自衛隊のみならず、国内で広く使われており、運営は民間業者が主体である。電磁波の利用もテレビやスマートフォンなど運営の主体は民間業者である。

ウクライナ戦争においてみられるように、現代の戦争は物理的に民間人が犠牲になるだけでなく、宇宙・サイバー・電磁波関連で勤務している民間人も否応(いやおう)なしに関係せざるを得なくなったということが特色である。今や戦争は、軍隊のみではなく、国のあらゆる機能が力を合わせて抑止しなければならない時代なのである。まさに防衛というものを広義の意味で捉え強化することが重要だ。

《政治・経済・社会活動全ての重要インフラを守る》

繰り返しになるが、ウクライナでは、政治・経済・社会、サイバーや宇宙をはじめ国家全体の機能が狙われ、電力も水道も破壊された。そこに従事している民間人も犠牲になっている。政治経済の中枢、原発、発電所、通信（海底ケーブル含む）、ガス、水道、空港・港湾、鉄道、石油備蓄基地を含むソフトターゲットとなる国内重要施設など、国の機能全てが攻撃対象となる以上、総合的に強化していくべきである。

当初はサイバー攻撃や事故に見せかけた破壊工作への対応はもちろん、ミサイル攻撃や特殊部隊による攻撃までをも念頭に防衛策を講じる必要がある。あらゆる場所が戦場になりうる。ある意味、国家全体の機能を巻き込む総力戦である。このような非軍事分野も含めたいわゆる「国家総力戦」の時代に、日本は準備ができていない。本当に国を守るという体制になっていない。

これまでは災害対策としてのインフラ保護が主であったが、今後は有事を念頭においたインフラ防護、国土強靭化計画を国として策定し、計画的に進めていく必要がある。

たとえば、国会議事堂・議員会館・官邸・各省庁なども逐次地下化を図る必要があろうし、また原発・発電所もミサイルによる破壊を念頭においた安全策を検討する必要がある。ウクライナもそうであるが、電気が止まれば社会活動が止まる。先進国で日本ほど電線・電信柱が多い国はないのではないだろうか。街中にミサイルが落ちた際、被害を局限するには、電線の地下化は重要だ。これは結果的には災害にも強く、また景観的にも街並みの美観を高める。ロシアは侵攻に際して、ウクライナの通信塔をミサイル攻撃で破壊した。海底ケーブルも含め、破壊された時のことを考え、代替手段を保有すべきだ。

この点は、戦略三文書において、「公共インフラ整備、サイバー安全保障……の四つの分野における取組を関係省庁の枠組みの下で推進し、総合的な防衛体制を強化する」としている。これは、ウクライナの教訓が反映されている結果であり、まさに国の防衛は自衛隊だけでなく、国家全体が担い手になることを国家安全保障戦略において明確にしたことは大きな意義がある。

関係省庁が「我関せず」ではなく、自らが安全保障の担い手としての意識を持ち、積極的に体制を強化していくことが欠かせない。

《徹底的な防空力強化と反撃力で日本への攻撃を抑止》

中国からの軍事的な攻撃が日本に対して行われた場合、重視すべきはミサイル攻撃である。中国が、日本に届く弾道・巡航ミサイルを九百発以上保有している中で、国民への被害を局限するためにも、最大限の防空体制を構築することが必須だ。

放物線を描き飛翔する弾道ミサイルは、射程にもよるが、高度約一千キロ近くの最高点付近まで加速上昇し、その後ロケット噴射を停止した以降は慣性に従って目標に向かって落下してくる。このため、弾頭の未来位置予測ができ、この位置に対してイージスミサイルを発射し迎撃する。一挙大量の攻撃を受けた際には、飽和攻撃となり完全な迎撃は困難であるが、イージスミサイルの性能上は迎撃が可能だ。

一方で、近年開発された極超音速滑空兵器は、概(おおむ)ね五十キロ以下の低い高度を、ミサイル自ら変則軌道をとり、速度も音速の五倍以上で飛翔するため、迎撃不可能とされている。中国はＤＦ－17（射程約二千五百キロ）、北朝鮮はＫＮ23（射程約八百キロ）、ロシアはアバンガルド（射程約一万キロ）等を保有し、どれも日本にとっては大きな脅威であり、現状は迎撃がほぼ困難だ。

このため、これら極超音速滑空兵器を迎撃できる高性能対空ミサイルを開発することが急務である。目下、防衛省において研究開発が進められており、防衛力整備計画においても予算が組み込まれている。一方で、日本列島三千キロにわたり、これらの対空ミサイルによる完全な防空網を張り巡らせることは量的にも予算的にも困難であり、主要な地域に限定せざるを得ない。

さらに相手国が大量の弾道ミサイルを同時期に発射した場合は、日本の防空能力を飽和させるため、これも完全な防御は不可能である。したがって、相手国がミサイルを撃とうとした場合、日本からの反撃により大きな痛手を伴う、という我が国の意志と能力を示すことで、相手の攻撃を抑止することが重要だ。

戦略三文書でも保有が決まったが、この反撃能力の保有は、我が国防衛政策における戦後最大の転換となるもので、英断だと評価したい。反撃のタイミングや先制攻撃とならないことなどが議論されているが、我が国から先に攻撃という考えはないと理解している。手順的なイメージとしては、もし、相手からミサイル攻撃を受けた場合、最初のミサイル攻撃を、能力を向上させた我が国のミサイル防衛網により迎撃しつつ、相手からの次なるミサイル攻撃をさせないため、我が国から有効な反撃を相手に加えるという形態をとるものと考える。

この点、国家安全保障戦略においては、「こうした有効な反撃を加える能力を持つことにより、武力攻撃そのものを抑止する。その上で、万一、相手からミサイルが発射される際にも、ミサイル防衛網により、飛来するミサイルを防ぎつつ、反撃能力により相手からの更なる武力攻撃を防ぎ、国民の命と平和な暮らしを守っていく」と記述されている。

日米の役割の観点でいえば、これまで矛（ほこ）の全てをアメリカに頼っていた状況から、一部とは言え、反撃力を持つことは、独立国として当然のことだと思う。ただ、真の反撃力を持つためには、相手国の攻撃兆候や、反撃目標を特定するとともに、反撃成果を評価するための情報収集力、そして陸海空から発射される長射程ミサイルを統制して目標に誘導・命中させる指揮通信統制力、さらにこれら一連の行動を指揮・統制する常設統合司令部の創設は不可欠だ。また日本一国でこれだけの能力を持つことは無理があり、やはりアメリカとの連携が欠かせない。その際、重要なのは装備等のハード面のみならず、ターゲッティング・リスト（反撃目標リスト）を日米、そしてそれぞれの政治・軍事の間で平素から共有しておき、いざというときは、政治判断を仰（あお）ぐだけにしておくことだ。速やかにアメリカの戦略・作戦との整合を図り、具体化を急ぐ必要がある。

《北朝鮮のミサイル攻撃に対しても、反撃力は不可欠》

ここまでは、中国の脅威に対する防衛力強化を主体に述べてきたが、北朝鮮の脅威に対しても、付言しておきたい。

台湾有事に際し、中国は北朝鮮に対して連携を要請するだろうし、北朝鮮はその要請に応えることを念頭に置く必要がある。

二〇二二年八月三日のペロシ米下院議長訪台六日後、北朝鮮の朝鮮労働党中央委員会は、台湾問題を巡って中国に対する支持を強調し、米国を非難する「連帯書簡」を中国共産党中央委員会に送った。書簡はナンシー・ペロシ米下院議長の台湾訪問について「中国の主権と領土保全に対する重大な侵害、中国共産党の権威をおとしめ、第二十回党大会の成功裏の開催を妨害しようとする許せない政治的挑発行為」であると非難している。

そのうえで、「中国共産党と中国政府が米国の専横(せんおう)を断固粉砕し、国家の領土保全を守り、中華民族の統一偉業を成し遂げるために取っている強力かつ正当であり、合法的な全ての措置に対する全面的な支持と連帯」を表明した。

少しでも米軍の戦力を北朝鮮正面に分散させて、台湾への集中度を減らしたい習近平主席としては、北朝鮮が中国に連帯して軍事行動を起こすことを要請するだろう。北朝鮮がこの要請に応ずることを、日米は計算に入れておく必要がある。北朝鮮の戦力で脅威となるのは弾道ミサイルである。この北朝鮮のミサイル攻撃力について、少し述べておきたい。

金正恩（キムジョンウン）総書記の思惑は、アメリカ全土に届く核ミサイルを持って、アメリカと交渉できる戦力を持つことにある。米国と対峙する中、金正恩体制を存続させるための交渉力は核しかないと考えており、その核戦力の強化と投射手段の多様化を計画的に実行してきた。

具体的には、二〇一六年から二〇一七年の約二年間、中距離弾道ミサイルの射程を逐次延伸し、在日米軍基地、次いでグアム、さらにアメリカの首都ワシントンまで届くミサイルの発射実験を約五十回継続して、その能力を保有することに成功した。同時に核弾頭の小型化を図るため、核実験をこの二年間で三回、これまでに合わせて六回実施し、既に核攻撃できる能力を保持したとされている。

その後、トランプ政権と非核化交渉に応じていた間は、弾道ミサイルの発射実験も核実験も中止をしていた。二〇一八年六月、シンガポールにおける米朝首脳会談において、非核化に向け一定の進歩があるかに見えたが、結果的には二〇一九年二月、ベトナムのハノイで行われた米朝首脳会談が物別れに終わって以降、膠着（こうちゃく）状態が続いている。これ以降二〇二一年にかけ、北朝鮮は、アメリカを刺激しない範囲の短い射程において、極超音速滑空ミサイルおよび潜水艦発射弾道ミサイルの発射試験を三十回以上繰り返し、新型のミサイルおよび投射手段の多様化技術を向上させてきた。

二〇二二年一月の党大会においては、「国防科学発展及び武器体系開発五カ年計画」を定め、核弾頭の超大型化や、全米を射程に収める新型大陸間弾道ミサイル（ＩＣＢＭ）「火星17号」及び極超音速滑空兵器の開発・導入、さらに、原子力潜水艦と水中発射核戦略兵器の保有などを決定した。

その後、二〇二二年九月八日に開いた最高人民会議では、核兵器の使用条件などを定めた「核兵器政策」に関する法令を採択した。会議において金総書記は、この法令化が持つ意味を、「われわれの核をめぐって、これ以上駆け引きできないように不退の線をひいたことに重大な意義がある」とするとともに、「われわれは絶対に核を放棄することはできない」とも述べ、今後、核兵器をアメリカとの交渉の材料にしないと強調した。

核実験に関しては、北朝鮮は、米朝首脳会談を前にした二〇一八年四月に、ＩＣＢＭ（大陸間弾道ミサイル）の発射実験と核実験の中止を表明したが、米国との交渉が行き詰まる中、二〇二二年一月にその方針を見直すことを示唆（しさ）している。今後、実験を行った場合、

第七回目となるが、その目的は、核弾頭を小型・軽量化して戦術核兵器を完成させる可能性が高く、注意を要する。

事実、二〇二三年一月一日、北朝鮮国営の朝鮮中央通信は前年の十二月二十六日から開かれていた朝鮮労働党中央委員会拡大総会において、金総書記が、二〇二三年の核兵力及び国防発展の「変革的戦略」を指示したと報じている。軍備増強を続ける韓国が「疑う余地のない我々の明白な敵になりつつある」として、戦術核兵器を大量生産していく方針を明らかにするとともに、核弾頭の保有量を「幾何級数的」に増やすことも表明している。総じて、北朝鮮は、米国本土への反撃能力と、韓国を対象とする打撃力として、十分な量と質の核戦力を保有しようとしていると見るべきだろう。

米国の立場からすれば、米国本土全体に届く射程一万五千キロの「火星17号」が問題となるが、日本の立場からは、日本を攻撃可能な射程約一千キロの「ノドン」「スカッドER」や、グアム基地までを攻撃可能（三千七百キロ）な「火星12号」、そして米国北部を攻撃可能（一万キロ）な「火星14号」、および首都ワシントンを攻撃可能（一万三千キロ）な「火星15号」など、すべての弾道ミサイルの射程内に晒されていると同時に、極超音速滑空兵器KN23の射程にも、北九州・山陰地域が入っていることを理解しておく必要がある。台湾有事の際、我が国に対する脅威は、中国のみならず、北朝鮮の核ミサイルにも対応する必要性があることからも、防空体制の強化と反撃能力の保有は不可欠である。

《中ロの連携に要注意》

反撃能力から少しそれるが、北朝鮮同様、中国とロシアの連携についても、注意を払っていくことが欠かせない。ロシアのウクライナ侵略において、中国は、プーチン大統領に肩入れしているとみられることを避け、対話による解決を促しつつ、一定の距離を保っていた。一方で、習主席とプーチン大統領の二〇二二年十二月三十日のオンライン形式での首脳会談において、習主席は「中ロの主権や安全、国際的公平や正義を断固擁護していきたい」と述べた。また台湾問題などに関し、「相互支持を強め、手を携えて外部勢力の干渉や破壊に抵抗しよう」と投げかけ、プーチン大統領は、中国の立場を断固支持し、「一つの中国」の原則を断固厳守すると応じている。

その後、二〇二三年三月二十一日、ロシアを訪問した習主席とプーチン大統領は、首脳会談を実施後、共同声明を発表した。声明においてプーチン大統領は、再び「一つの中国」の原則を強く支持し、「台湾は中国の不可分の部分である」とした。

さらに「自らの国家主権と領土の一体性を守る中国側の行動を強く支持する」とも強調している。

台湾有事では、中国が北朝鮮に対する要請と同様、ロシアに対しても、「一つの中国」の原則厳守のため、支持を求める可能性は極めて高い。その際、ロシアは米ロ戦争に踏み込まない程度に、日米を牽制(けんせい)してくることは確実と見ておくべきだ。米国が台湾支援に、そして日本が南西に集中しようとしている時期に、極東ロシア軍がオホーツク海周辺で大規模な軍事演習を開始した場合、自衛隊の南西への集中度に影響が生じる。最悪の場合、北海道への軍事攻撃をも念頭に置くことが必要だ。そこまで考慮にいれた我が国防衛について考えておくことが重要だ。

戦い方の進化の先を行く

《宇宙・サイバー・電磁波・陸海空領域を連携させた新たな戦闘形態の創造》

二〇一四年クリミア侵攻後の八年間、ロシアは、ウクライナ東部二州の国境地域において攻撃を継続し、ウクライナ軍を苦しめてきた。たとえば、前線にいるウクライナ軍兵士の家族に、「あなたの息子は死にました」という偽メールを送信。その後、家族から兵士に安否を確認する電話がかかると、国境付近上空で待機しているドローンが兵士の携帯電話の位置を割り出して地上の砲迫部隊に送信。砲迫部隊がその兵士を目標に砲撃を加えるという電磁波・ドローン・地上兵器の連携作戦が行われてきた。

しかし、ウクライナも黙ってはいない。この八年間、米国の力を借りながらロシアの作戦を研究し、飛躍的に力をつけることに成功した。その結果、今回の戦争においてはウクライナがロシアの上を行く戦闘を実行した。

たとえば、ウクライナ軍は、クラウドで動く火力戦闘指揮システム（GIS Arta）を開発し、二〇二二年五月、ルハンシク州のドネツ川を渡ろうとしたロシア軍を攻撃し、戦車等約七十台の重火器や装備を破壊した。大戦果を挙げたこのウクライナ軍の作戦は次のとおりだ。

まずサイバー空間、衛星情報により、ドネツ川の渡河（とか）作戦の概要を掌握。ドネツ川流域に偵察部隊とドローンを集中して情報を収集し、多数の戦車等の渡河準備状況を確認したうえで、情報をGIS Artaに集約。次いでGIS Artaが近傍（きんぼう）に位置するウクライナ軍のミサイルや火砲を迅速に選定した上で、その火器に対し、通信衛星（スターリンク衛星含む）を介して射撃任務を付与。指定されたミサイルや火砲が、渡河しようとして浮橋付近に蝟集しているロシア軍戦車等を撃破した。

この戦果により、ドネツ川以西に占領地域を拡大しようとしたロシア軍の地上戦闘力は極度に低下し、結果として九月以降のウクライナ軍の反撃に繋がっている。サイバー・宇宙・電磁波・ドローンおよび地上兵器を巧みに連携させた成功例だ。

中国もこの戦争形態の変化を学んでいるだろう。有事における離島侵攻では、我が国のサイバー空間に侵入して、その意図・行動を摑むとともに、衛星により、自衛隊の行動や民間航空機・船舶の動向を撮影。離島近傍上空を徘徊させた偵察ドローンにより、空港・港湾に集中する時期を収集し、極超音速滑空ミサイルや、自爆攻撃型ドローンによる攻撃をしてくることを念頭に置くべきだ。そうさせないため、我が国は、先に述べたサイバー空間に侵入させないサイバー防護力、偵察衛星に撮影させない妨害力、徘徊する多数のドローンおよびミサイルを迎撃する防空力強化を図る必要がある。

《戦い方の進化に対応した防衛力を構築》

ドローンの有効性が実戦で顕著に示されたのは、二〇二〇年の秋、アゼルバイジャンとアルメニア間の戦争である。有人の戦闘機が飛ばずに、トルコ製のバイラクタルTB2や、自爆攻撃型のイスラエル製ハーピー等が活躍した。ロシアもウクライナもこれを学んだ上で、今回の戦争に活かしているが、これもウクライナが一枚上だ。

特に、トルコ製のバイラクタルTB2をうまく戦力化し、地上の指示により、搭載された四発のレーザー誘導ミサイルが威力を発揮している。この際、ロシア軍部隊の位置情報を、郷土防衛隊などが使用している市販のドローン情報や、ウクライナの住民が撮影したロシア軍画像を、専用のアプリで送ることにより、それらが集約されロシア軍戦車等の位置がバイラクタルTB2に送られている。

これには、ウクライナのデジタル省が開発したチャットボットというアプリや、ウクライナ政府が行政サービスのオンライン化を目指して開発した「DiiA」という認証アプリを活用している。住民の目がウクライナ軍の作戦に貢献している例だが、軍民領域横断作戦と呼べるだろう。

ドローン活用の進化はこれだけではない、二〇二二年十月二十九日、ウクライナが新しい戦闘形態を実戦に登場させたのが水上ドローンだ。手製の小型のボートの先端部に爆薬を搭載して、GPS誘導によりロシア艦艇に攻撃を仕掛けた。ロシア国防省発表では、クリミア半島のセバストポリにある黒海艦隊基地が水上ドローン七機と空中ドローン九機の攻撃を受け、掃海艇一隻と港湾設備の一部に軽微な損傷を受けたものの、ドローンはすべて撃墜したという。一方、ウクライナ側は、黒海艦隊の旗艦「アドミラル・マカロフ」を含む三隻に被害を与えたと主張している。ウクライナが製造したものは全長五・五メートル、重量一トン、最大時速八十キロ、航行距離八百キロ、自動運行可能時間が六十時間。ゼレンスキー大統領は十月十一日夜のビデオ演説で、その有効性を示したうえで、寄付により、まずは百隻を製造し、ドローン艦隊の編制を目指している。

既に中国は、多数の無人艇の自律スウォーム（群れ）航行実験を行っており、二〇一八年広東省で行われた展示会に、射程五キロの精密誘導ミサイルを搭載し八十三キロで航走する無人艇を出展しているという。これを機能向上してドローン艦隊を編制した場合、我が国は極めて困難な対応を迫られる。

また、二〇二二年十一月、広東省珠海市で開催された中国最大の航空ショーでは、最大一万キロ飛行可能な大型の偵察・攻撃型無人機「翼竜3」が初披露された。長さ十二・二メートル、翼幅二十四メートル。ミサイルの搭載が可能だ。さらに、沖縄本島と宮古島の間を通過した際、自衛隊機がスクランブル発進もしたことがある無人機「ＴＢ－００１」

系の「TB－001A」も登場。これは従来のTB－001に比べて、翼などの下に武器を吊り下げるための場所が八カ所から十二カ所に増えたという。また、複数の無人機が同時に飛び立ち空中をスウォーム飛行したり、目標物である別のドローンに体当たりして撃墜する映像も紹介された（二〇二二年十一月十九日、日テレニュース）。海も空においても、AI（人工知能）に導かれたドローン・スウォーム兵器への対応が、喫緊の課題だ。

ウクライナでの戦争は、最後は火力に支援された兵士が土地を奪い合い、「兵士が立つ位置が国境線になる」という不変の戦争実態を示したが、同時に、宇宙・サイバー・電磁波領域と陸・海・空領域が緊密に繋がり、その緊密度やドローン、AIといった新しい技術の活用度が、戦争遂行における情報獲得や意思決定、そして軍事力行使の成否を大きく左右することも実証した。もちろん、宇宙・サイバー・電磁波領域の戦い、ドローン、AIのみで領土を奪回することはできない。しかし各領域を横断する作戦なくして戦いを有利に進めることもできない。

過去の戦争形態に追随するだけでは、結局は作戦・戦術的奇襲を受け、国を守れない結果になる。常に、戦い方の進化や技術的進化に敏感になり、いつ、いかなる戦いを仕掛けられてもこれに対応できる防衛力を構築し、中国に侵略する意思を抱かせないようにすることが重要である。戦略三文書には、その点が明記されており、今後に期待が持てる。この際、追随するのみではなく、日本自らが、日本の防衛環境の特性に応じた戦い方を創造することにより、攻め入る隙を与えないレベルまで進化を遂げることを期待している。

中国の攻撃に耐える

《短期決戦に備えた即応力》

中国の勝ち目は時間にある。米軍主力が台湾において戦力発揮できる以前の数週間の短期間で、武力統一が成し遂げられるような戦いを挑んでくるだろう。日本は、既に述べたように、尖閣防衛、邦人輸送、国民保護、情報戦、国内テロ対応、米軍支援などを確実に実行しつつ、短期間で、南西諸島防衛態勢を強化する必要がある。

平成二十八年からスタートした南西諸島への陸自部隊配備は、着実に進んでおり、与那国島に沿岸監視隊約百七十名、石垣島に警備隊・地対空ミサイル部隊・地対艦ミサイル部隊約五百七十名、宮古島に同様の部隊約七百名、そして奄美大島（あまみおおしま）にも同様の部隊約五百五十名が駐屯している。今後は、これらの部隊を増強して、平素からの抑止態勢を強化するとともに、情勢が緊迫した段階で、全国から実力ある部隊をいかに迅速に南西諸島に機動展開させることができるかが重要となる。

迅速な機動展開にあたっては、自衛隊自身の海上・航空輸送力の強化と同時に、民間資金を活用した事業による民間輸送力の活用も拡大することが効果的だ。さらに、機動展開する部隊に対する弾薬・燃料・整備用部品・医薬品・食料等を継続的に供給するための補給支援体制構築も欠かせない。ウクライナに対して北のベラルーシから攻め込んだロシア軍は、補給の途絶（とぜつ）により惨敗している。

ここで指摘した内容は、戦略三文書においても明記されている。また防衛省は、与那国駐屯地を拡張して地対空ミサイル部隊を置く方針を二〇二二年十二月末に明らかにしており、日本最西端、台湾から約百十キロの国境の島にも監視部隊のみならず、戦う部隊が配備されるだろう。一方で、先に述べた電波法と同様、平時からグレーゾーン段階においては、自衛隊の機動展開は道路交通法や火薬類取締法などの法律の制約があり、危険物である弾薬・ミサイル・燃料の輸送や、戦車や火砲の大型の特殊車両の輸送には制限がかかるため、どうしても迅速な機動の支障となる。

国家安全保障戦略では、「自衛隊、米軍等の円滑な活動の確保のために、自衛隊の弾薬、燃料等の輸送、保管の制度の整備、民間施設等の自衛隊、米軍等の使用に関する関係者・団体との調整、安定的かつ柔軟な電波利用の確保、民間施設等によって自衛隊の施設や活動に否定的な影響が及ばないようにするための措置をとる」としている。また、国家防衛戦略においても、「自衛隊の弾薬・燃料等の輸送・保管について、関係省庁との連携を強化し、更なる円滑化のための措置を講ずる」とされているが、今後の具体的な取り組みが迅速に行われることを切に期待している。

《弾がなければ戦えない》

言うまでもなく、弾が尽きれば、戦闘は継続できない。攻める立場と守る立場の違いはあるが、ロシアは弾もミサイルも枯渇し、精密兵器を製造する際に必要な半導体の輸入も困難になっている。一度首都キーウまで攻め込んだものの、作戦の失敗とウクライナの反撃により、東部および南部地域まで後退を余儀なくされた。ロシアは、二〇二二年十月下旬には三十万人の動員が完了したと発表しているが、仮に人員的に戦える態勢になったとしても、弾がなければ、再びウクライナ軍占領地域に攻め込むことは困難だ。

これはロシアだけではなく、防御側のウクライナもまた、米欧の武器・弾薬の支援がなければ一年近くも戦えない状況であった。情けない話だが、今の自衛隊は、一年もの間、継続して戦える弾薬・ミサイルは保有していない。少ない防衛予算のしわ寄せが、どうしても弾薬・ミサイル備蓄に回らない実態があった。

さらに、弾があっても、防衛する現場に火薬庫がないと必要な時に使えない。陸自の火薬庫の配置は、冷戦時代、ソ連対応のために敷いた北海道重視の配置のままである。陸自は、二〇一三年の防衛計画の大綱において、南西重視に大きく舵（かじ）を切り、組織・編制・部隊配備も含め、大きく改革してきたが、火薬庫の配置については、様々な制約の中、南西対応に変革できていないのが現状である。

この点、国家防衛戦略には、「二〇二七年度までに、弾薬については、必要数量が不足している状況を解消する。また、優先度の高い弾薬については製造態勢を強化するとともに、火薬庫を増設する。さらに部品不足を解消して、計画整備等以外の装備品が全て可動する体制を確保する」と明言している。さらに、防衛力整備計画においては、この点、「必要となる火薬庫を整備する。また（中略）島嶼部への分散配置を追求、促進する」と記述されており、戦う現場に必要な弾を配備する姿勢が示されている。現役時代、我慢に我慢を重ねてきた立場からは、この政府の方針に対し、胸が熱くなるほどの期待感を覚える。

《地下に潜りミサイル攻撃に耐える》

ロシアから数千発のミサイル攻撃を受けながら、ウクライナがあれだけ耐えているのは、地下シェルターによる防護があることも大きい。冷戦時代、戦場となる欧州の国々は核戦争に備えた地下シェルターを普及させていた。当時、第三の核大国ウクライナも、核戦争を想定していたため、公共施設や民家にもシェルターがある。製鉄所にも地下施設があったため、多くの市民が助かった。

日本が大量のミサイル攻撃を受けた時は、完全な迎撃は難しい。もちろん反撃能力の保持により、攻撃させないことに努めるものの、プーチン大統領のように、専制主義の習近平主席が過信と誤算に陥ってしまった場合は、最悪の事態をも想定しておかなければならない。日本のシェルター普及率は〇・〇二％しかない。今後、主要施設の地下化を進め、国全体の強靱化、抗堪化を図ることが欠かせない。今は、Ｊアラートが鳴っても隠れるところもないが、公共施設等における避難施設が増えれば、Ｊアラートの意義が高まる。

この点、国家防衛戦略には自衛隊司令部等の地下化についての記述があり、具体化に期待したい。しかし、公共施設としてのシェルター等については、国家安全保障戦略に「様々な種類の避難施設の確保……等を行う」とあるのみだ。今後の具体化が必要だ。

統合司令部創設は待ったなし

ロシアが陸軍と空軍の統合作戦が機能せず、作戦が失敗したことは述べた。これは他人事ではない。自衛隊は統合運用を所掌する幕僚組織としての統合幕僚監部が市ヶ谷の防衛省内に所在するが、統合作戦に専念できる統合司令官と司令部は存在しない。

二〇〇六年三月に、今の統合幕僚監部が新設され、陸海空三自衛隊の運用が一元化されて以来、作戦運用の観点から防衛大臣を支える役割は統合幕僚監部が担っており、この組織の長は統合幕僚長である。統合幕僚長は、防衛大臣を市ヶ谷の防衛省において軍事的な観点から補佐をするのみならず、必要に応じ、総理官邸に出向いて直接報告をする場面も多い。

事実、二〇一一年の東日本大震災の際には、当時の折木統合幕僚長は頻繁に菅直人総理に直接報告を実施しており、自衛隊の運用に責任を持つ立場として、陸海空自衛隊の指揮、並びに米軍との連携を取りつつ、総理と防衛大臣の補佐も実施されていた。その比率は総理及び防衛大臣補佐が全体の約六割と、自衛隊運用に関わる時間よりも多く、災害派遣の現場で行動する約十万人指揮への専念に課題が残った。この対象が自然災害ではなく、我が国に侵略意図を持った軍事作戦となれば、この比率ではなく、さらに政治対応が増加するものと容易に推測できる。

この教訓から当時より統合司令部・司令官の創設の必要性が指摘されてきたが、既に十一年が経過した。二〇一八年に閣議決定された「平成三十一年度以降に関わる防衛計画の大綱」及び「中期防衛力整備計画（平成三十一年度〜平成三十五年度）」において、中期計画期間内に統合司令部を創設する方針を明記したものの、実現はできていない。

第二章で想定したような事態が実際に生起した場合、統合幕僚長は、台湾からの邦人輸送、先島諸島からの国民保護、南西諸島防衛における作戦準備を指導しつつ、海上保安庁等と連携しながら、尖閣諸島防衛作戦を指令する。同時に宇宙戦・サイバー戦・電磁波戦対応や北朝鮮の弾道ミサイル発射対応、そして国内で発生する可能性の高いテロ・ゲリラ攻撃への対応、更には米軍に対する後方支援や集団的自衛権の一部行使までも指令する必要がある。

また、日本が南西諸島や、朝鮮半島に目が行っている隙をついて蚕行におよぶかもしれない懸念に留意し、ロシアの北海道周辺における軍事活動に対し警戒・監視を怠らないこともまた統合幕僚長の役割である。さらに実際に武力攻撃を我が国が受けた以降は、日本防衛作戦遂行のため、陸海空自衛隊の戦闘力を統合調整しつつ、それぞれの作戦地域において統合調整が確実になされるように適時に指導しなければならない。この間、統幕長は、適時総理官邸において報告と指導を受けると同時に、防衛大臣を作戦面で全面的に補佐しなければならない。加えて米軍トップの統合参謀本部議長、および米インド太平洋軍司令官、在日米軍司令官との調整をも確実に実施する必要がある。

作戦の現場は、秒単位・分単位で戦闘が進むことが多く、指揮・命令に遅れがあってはならないし、それは隊員の命にもかかわってくる。しかし、現状この指揮を確実に実行できる司令部は未だに設立されていない。これらの役割を一人の人間が処理出来るはずもないことは、誰もが容易に理解いただけると思うが、この問題点を解決するため、現在の統合幕僚監部に加え、陸海空自衛隊を指揮する常時設置の統合司令部を創設することが、今回の国家防衛戦略において明記された。今回こそは実現に向け、防衛省全体が一致団結して結果を出すことを切に願っている。

また、現場における統合運用も重要となる。東日本大震災の際には、統合任務部隊司令官を東北方面総監として、現場での日米共同、陸海空統合の統制・調整を仙台に所在する陸上自衛隊東北方面総監部において実施させた（ちなみに福島原発事故対応は、別の指揮官に担任させることが妥当として、当時の陸上自衛隊中央即応集団司令官に実施させた）。岩手・宮城・福島三県に跨る被災状況を現場において確認しながら、三県の県庁とも緊密な連携を取りつつ、約十万人の陸海空部隊の統合指揮を東北方面総監は約三カ月以上にわたり指揮をした。

この作戦は、大々的かつ強力な統合運用の形態ではなく、いわゆる「ゆるやかな統合」ではあったが、仮にこの作戦を、中央レベルの統合調整のみによって実施していたならば、現場レベルでの様々な問題も生起していたものと思料する。

翻って、南西諸島防衛作戦は、震災とは違い、海上作戦、航空作戦と離島防衛作戦を、各島の特性に応じて、住民避難等の国民保護までを含めて統合作戦調整を実施しなければならない。この役割を遂行できるのは現場であり、現場における統合作戦指揮組織の創設も視野に入れるべきと考える。この視点は戦略三文書には記述されていないため、今後、離島における統合的な戦いのシミュレーションを実施し、その成果を速やかに防衛力整備に反映する継続的な改革フローを防衛省内に設定すべきではないだろうか。

世界を凌駕する装備品を生み出せるか

世界トップクラスの性能を誇る装備を自国で開発できる技術力は、戦争の勝敗を大きく左右し、戦場においては隊員の命を救う。米国がウクライナに供与した高機動ロケット砲システム「ハイマース」(HIMARS)や、携帯対戦車ミサイル「ジャベリン」(Javelin)もそうである。

「ハイマース」の場合、湾岸戦争でも絶大な破壊力と長距離射撃能力を発揮した自走多連装ロケット砲「MLRS」に遡る。「MLRS」は、車両重量が約二十五トンと重く、その輸送には大型輸送機が必要となり、海外への迅速な機動展開には制約があった。このため、装輪タイプの車体に「MLRS」の発射装置などを搭載して、C-130輸送機でも空輸が可能な長距離自走火砲として開発された。この際、攻撃に多様性を持たせる必要性と効率性の観点から、各種のロケット弾とミサイルを同じ発射筒から射撃できるように改良している。

また、「ジャベリン」の優秀性は先にも述べたが、ロシア戦車の有効射程外の二千五百メートルから射撃可能で、発射前に射手が敵戦車を照準して発射すれば、赤外線画像追尾によって捕捉した目標に向かい自律誘導される。講習直後の初心者でも九四％の命中率を持つといわれるほどの完全な「撃ちっ放し」機能を持つ。また目標に対する水平攻撃のみではなく、戦車の弱点である上部から攻撃するモードの選択もできる。

さらに通常の携帯ミサイルは、ミサイルの後方からの爆風と発射煙が出るため、狭い場所からは発射できず、敵に発見されてしまう可能性が高い。しかし「ジャベリン」は、二段点火となっているため、射出用ロケットモーターによって一旦発射筒から押し出され、数メートル飛翔した後に安定翼が開き、同時に飛行用ロケットモーターに点火され飛翔する。このため、ウクライナ軍は、隠れた壕の中やビルの部屋から発射した後、直ちに陣地変換して安全な場所へ逃げ、また射撃するという、ヒットエンドランを繰り返して、ロシアの戦車や装甲車を撃破している。

米国は、ここに至るまで、一九九五年に初期型（射程二千メートル）を携帯対戦車ミサイル「ドラゴン」の後継として開発。二〇〇八年には照準装置の改善で命中率を向上させるとともに射程を二千五百メートルまで延伸。二〇二〇年には弾頭部とシーカーの冷却装置を改善することにより更に命中率を向上させている。二〇二五年には射程を四千五百メートルまで延伸するとともに、瞬間交戦能力も向上させる予定だ。

恥ずかしい話だが、陸上自衛隊の場合は、予算が少ないこともあり、また革命的な技術導入のための枠組みに乏しく、どうしても限定した主要装備の研究開発に集中せざるを得ない側面があった。二〇〇一年に陸上自衛隊としてもジャベリンとほぼ同等の能力を持つ携帯対戦車ミサイル（01ＡＴＭ）を装備化した。しかしその後は、ジャベリンのように最新の技術を導入しながら改良を重ねることができず、結果的に開発当時の能力と変わらないままとなってしまった。

何が違うのか。常に世界の戦い方を研究しつつ、戦いに勝つという必要性・要求（ニーズ）を満たすため、軍・民が最新の技術を融合・連携させて、技術的な可能性（種・シーズ）を引きだそうとする枠組みがあることだ。その上で、世界のトップクラスの装備導入のため、研究開発費をつぎ込み、改良に改良を繰り返しているかどうかの違いである。

世界との技術競争力の優位性を保ち、技術的抑止力を強化していくためには、国内産業界や学術機関と連携し、宇宙・サイバー・電磁波領域を有効活用できる技術、あるいはＡＩ（知能化）、自動化、自律化、量子化、エネルギー技術など軍民が融合する最先端分野に重点的に投資し、科学技術力で世界をリードする政策が重要である。
この際、戦争形態進化の先を行くためにも、防衛産業の保有する技術とベンチャー企業等の保有する技術を組み合わせ、加えて、これまでにない革新的な装備開発を、速度を上げて実現させることが重要である。大胆な発想の下、世界に先駆けた技術的ブレイクスルーを達成するためにも、失敗することも恐れずチャレンジできる枠組みの構築も不可欠となる。

これらの改革は日本でもできる。この点、国家安全保障戦略には、「防衛省の意見を踏まえた研究開発ニーズと関係省庁が有する技術シーズを合致させるとともに、当該事業を実施していくための政府横断的な仕組みを創設する」と明記され、また国家防衛戦略には、「防衛装備庁の研究開発関連組織のスクラップ・アンド・ビルドにより、装備化に資するマルチユース先端技術を見出し、防衛イノベーションにつながる装備品を生み出すための新たな研究機関を創設するとともに、政策・運用・技術の面から総合的に先端技術の活用を検討・推進する体制を拡充する」と示されている。改革していこうという意識と構想の下、組織を創設し、研究開発に関する抜本的な予算の増額も予定されており、期待したい。

防衛産業を国策にする

「国家としての継戦能力の確保」は、ウクライナ戦争においても、その重要性が認識されたが、このためには、防衛産業をはじめとする重要産業をいかに国内に繋ぎ留めておくかが重要である。しかし、近年の防衛費微増にも拘わらず、FMS（対外有償軍事援助）による米国からの装備導入増加の一方で、国内防衛産業との契約額は増加していない。また研究開発投資に対する予算制約や、将来性が見込めない事、企業が得る利益率が低水準にあることなどの影響により、防衛産業に携わることの魅力が低下し、防衛産業から撤退する会社数が年々増加傾向にある。これは、国防に必要な技術、復元困難な技術が失われることも意味している。長年にわたるこれらの影響から、防衛生産・技術基盤強化は、掛け声倒れ状態となっており、このまま放置すれば防衛産業は存続の危機を迎え、国防に重大な影響を与える可能性がある。

防衛生産・技術基盤の維持強化は、国家安全保障の骨幹として取組むとともに、装備品の国産化を進める政策により、企業のインセンティブを向上させ、防衛産業の活性化を図ることが重要である。国家安全保障会議設置法第二条においては、「防衛計画の大綱に関連する産業等の調整計画の大綱」に関し、必要に応じ内閣総理大臣に対し意見を述べるとうたわれているが、いまだ意見が述べられたことはない。

速やかに国家として、防衛産業をいかに維持発展させていくかの戦略を策定し、日本として保持すべき分野に選択的に予算を集中するとともに、先述したとおり、国家全体としての研究・技術開発予算の効果的な運用および、産官学の連携強化策により、デュアルユース技術を発展させ、結果として防衛生産・技術基盤を強化すべきである。

この点、国家防衛戦略においては、「防衛生産・技術基盤は、自国での装備品の研究開発・生産・調達を安定的に確保し、新しい戦い方に必要な先端技術を防衛装備品に取り込むために不可欠な基盤であることから、いわば防衛力そのものと位置付けられるものであり、その強化は必要不可欠である」と明記された。

まさに「防衛力そのもの」として、今後、法制度や調達制度なども含めて、実態的にも防衛力そのものであるという形に持っていく必要がある。具体的には、製造工程の効率化、サイバーセキュリティの強化やサプライチェーンの強靭化など防衛産業の基盤強化のための措置を担保するとともに、これまで低く抑えられてきた企業が受け取ることのできる利益率を適正に確保させるなどの措置は欠かせない。企業は自社基盤強化の措置が担保されることにより、国が特別に注力をする企業としての誇りと一体感を持つことができるとともに、装備生産で得た利益を活用して新たな革新的技術開発に向かうことができる。この好循環のスパイラルにより、さらに生産基盤の強化が図られていくことになる。

同時に、技術基盤の強化においては、防衛省自身の研究機関による集中的な研究開発投資はもちろん、従来の形態とは異なる、迅速に装備が部隊に届くような研究開発の高速化が不可欠である。これまでのように、主要装備の開発に十年もかけていたのでは、戦争形態の変化の先を行くことも、ましてや追随することもできない。

この点、国家防衛戦略には、「研究開発リスクを許容しつつ、想定される成果を考慮した上で、一層早期の研究開発や実装化を実現する。また、試作品を部隊で運用しながら仕様を改善し、必要な装備品を部隊配備する取組みを強化する」と記述されており、改善が図られることを期待している。

さらに、軍民融合技術の最先端化のため、防衛装備庁の研究機関が防衛産業、学術機関をパートナーとして、その民生技術を取り込めるように改編し、革新的な民生先端技術を発掘・育成・取り込みができるよう強化していく必要がある。

国外への装備移転でパートナー国を増加

国外への装備移転は、販路の拡大のみならず、契約国との安全保障上の連携強化という点においても効果が大きく、積極的に進めていくことが必要である。

二〇二三年春には、日本製の警戒管制レーダーがフィリピンで稼働することになる。今回の輸出により、装備面においてもフィリピンとの安全保障上の連携が深まっており、そしてそれが次へと繋がっていく可能性も秘めている。装備移転を通じて、たとえば第一列島線の防衛を担う国々や、中国を囲む国などと情報共有を含めた連携を組む。その一つが、フィリピンとの情報共有だ。台湾の南、バシー海峡を飛行する航空機を日本のレーダーでは捕捉できない。しかし、フィリピンの北部に位置する日本製のレーダーで監視できる。この情報をフィリピンから得ることができれば、中国の爆撃機が南西諸島に飛行してくることを早期に摑める。あるいは、日本製の情報（電波）収集装備をフィリピンやベトナムに輸出し、加えて情報共有協定を結ぶことができれば、日米豪比越の情報共有パートナー連盟が構築できる。これが実現すれば大きな意味での有効な安全保障政策となりえるだろう。これら対象国の拡大はもとより、移転対象装備品を拡大することも意義がある。装備移転には、このような基本となる戦略が欠かせない。

「装備移転三原則」の経緯は、二〇一四年に遡る。防衛装備品の輸出や技術移転を解禁した原則で、第二次安倍政権当時に閣議決定した。それまでは「武器輸出三原則」で輸出を厳しく制限してきたが、「装備移転三原則」においては、輸出先は米国など安全保障上の協力国などに限定し、厳格な審査や適正管理の具体的なルールを「運用指針」で定めている。運用指針は、殺傷能力のある装備品の輸出を共同開発国に限定。それ以外の装備品は「我が国との間で安全保障面での協力関係がある国」に対し、「救難、輸送、警戒、監視及び掃海に係る協力」の五分野に限定している。

報道によると、政府は、殺傷能力を持つ防衛装備品を友好国に輸出できるようにするため、この「運用指針」を緩和する方針を固めた。与党との調整を経て、二〇二三年度中に新たな指針の運用を開始することを目指すという。規模が縮小する国内の防衛産業を支援する狙いがあるとのことだが、現在の「運用指針」では、ミサイルや戦闘車両など、殺傷能力のある装備品の海外移転先を共同開発国に限っている。現状では米国のみで、今後は航空自衛隊のＦ２戦闘機の後継を共同開発・生産する英国、イタリアが加わるが、対象を局限している。

このような中、国家防衛戦略においては、「安全保障上意義が高い防衛装備移転や国際共同開発を幅広い分野で円滑に行うため防衛装備移転三原則や運用指針を始めとする制度の見直しについて検討する」としている。「運用指針」を見直し、殺傷能力を持つ装備品の移転先をオーストラリアなど友好的な同志国にも広げることは、日本の安保環境改善に役立つ。さらに、「防衛装備移転を円滑に進めるため、基金を創設し、必要に応じた企業支援を行うこと等により、官民一体となって防衛装備移転を進める」としている。企業側としてもモチベーションが上がるものと推測され、今は三菱電機のフィリピンへのレーダー移転一件しかないが、今後、件数が増加することを期待したい。

ただ、「官民一体となって」とするなら、防衛省内において、装備移転を専任とする部局があってしかるべきだろう。軍隊が小さく、輸出する防衛装備があまりないオーストラリアでさえ、二〇一八年に国防省内に「国防輸出局」を設置している。物事を加速するには、制度改革・組織改革・業務改革が欠かせない。ぜひ、組織、業務についても抜本的に改革してもらいたいと願う。

人的防衛力を確保する

世界最高水準の装備を保有したとしても、それを駆使して戦う優秀な「自衛官」がいなければ国は守れない。その自衛官の募集・採用が近年非常に厳しい状況にあると聞く。たとえば、産経新聞（二〇二三年三月二十七日朝刊）によれば、二年（陸）、または三年（海・空）を一任期とする任期制自衛官の採用率が、採用計画数に対し、「達成率が六割程度となる見込み」とある。少子化による募集対象人口の減少は自明の事であるが、ここまで急速に落ち込んだことはこれまでなかった。

自衛官の階級構成は、大きく幹部、曹、士となっているが、この士にあたる部分の半数近く、約二万人（陸海空自）を支えるのが、この任期制自衛官だ。幹部・曹がいくら頑張っても、最前線の隊員がいなければ戦えない。加えて、初級幹部などの中途退職者も増加していると聞く。これらの原因は、コロナ禍後の企業採用数の急回復や、ウクライナ情勢、ハラスメント事案等、いろいろな要因の複合と推測できるが、一過性のものと放置はできない状況だ。

この任期制自衛官を含め、優秀な自衛官の人材確保については、長年にわたり検討され、処遇の改善等、逐次具体化も図られてきたが、少子化の波に立ち向かえるほどの抜本的解決策が確立されているとは言えない。今回の戦略三文書においても、この人材確保に関してほとんど記述がみられないのは残念だ。それだけの妙案が浮かばないということかもしれないが、今からでも遅くない。防衛省において、有識者による検討会が開かれていると聞く。抜本的な対策案が生み出されることを期待したい。

平時から有事にわたり経済活動を守り、エネルギー、食糧を確保する

中国からのレアメタルの輸出停止や、中国在留邦人の拘束事案、そして中国との経済案件調整中止は、平成二十二年の中国漁船船長逮捕事案において現実のものとなった。さらに中国による日本の機微技術の盗用・搾取行為は、周知の事実となり、令和四年五月、ようやく「経済安全保障推進法」が制定された。

この法律の一つ目は、国民生活に欠かせない重要な製品「特定重要物資」を確保する仕組みだ。半導体や医薬品、レアアースやニッケルといった重要な鉱物、加えて蓄電池の原

材料といった製品が安定的に供給される体制になっているかどうかを国がチェックする。チェックの対象となる企業は安定的な供給に向けた生産体制などの計画を国に提出し、認定を受け、その認定を受けた企業は必要に応じて国から金融支援を受けることができる。

二つ目は、重要インフラの安全性を確保するための対策だ。電力や通信、金融といった国民生活を支えるインフラを担う十四業種の大企業を対象に、重要機器を導入する際には国が事前に審査を行う。サイバー攻撃を受けたり、情報を盗み取られたりしないための対策だ。システムに脆弱性がないかなどをチェックしたうえで、攻撃を受けるおそれが高いとみられた場合には、必要な措置をとるよう国が勧告や命令を出すことができる。

三つ目は、軍事に関わる技術の中から国民の安全を損なうおそれのあるものについて特許出願を非公開にできる制度だ。日本の今の制度では特許を出願すると、一年半後には原則公開となってしまう。このため、現状では日本企業が出願した内容を海外の企業が利用して軍事に転用するリスクがあり、これを恐れて、特許出願して得られる利益を捨ててでも出願しない企業もある。こうした事態を防ぐため、対象を軍事技術に絞り込み、出願内容を非公開にできるようにするとともに、出願した企業等は、本来なら特許収入が得られるところの不利益を被らないよう国が補償を行うこととしている。

最後の四つ目が、産業の成長力を高めるため、官民が一体となった先端技術の研究開発にも力を入れるというものだ。宇宙やＡＩ、量子など国の安全保障に関わる「特定重要技術」の研究開発に対し、資金面などで国が支援する。プロジェクトごとに官民が参加する協議会を設置し、参加機関同士で過去の研究データなど必要な情報を共有することにより、研究開発を促す。

これは、これまでになかった画期的な法律であり、一定の効果が期待できる。一方で、これで平時から有事において、日本の経済活動に重大な障害が生起しないかというとそうではない。更なる対中依存度を下げるとともに、有事におけるエネルギー、食糧等、国としての生存を支える供給網を強固にしていく必要がある。

中国に進出している日本企業は約一万二千七百社ある。こうした企業の経営者に対して、「いざという時は救えませんよ」と実態をお伝えし、覚悟を持っておいてもらう必要がある。その上で、中国に残るか去るかは企業経営者に判断してもらわなければならない。

その企業経営者の認識は、産経新聞の主要企業アンケート（二〇二一年十一月～十二月、百十八社対象）に表れている。七十八社（六六・一％）が中国での事業を「これまで通り継続する」と答えている。翌年の二〇二二年十一月下旬～十二月上旬、同社が百十九社に実施した台湾有事リスクに関するアンケートでは、七割がリスクあり（大いにある一六・八％、多少はある五一・三％）と回答しているにも拘わらず、この数字だ。

アンケートはさらに、「駐在員や現地社員、社長の脱出計画は策定済み」など安全確保対策についても確認している。「対策あり」が二〇・二％、「策定中」と「策定を検討中」合わせて三五・三％となっている。加えて有事を想定した事業継続計画（ＢＣＰ）が「既にある」とした企業は一割にとどまっている（ＢＣＰを「策定中」「策定を検討中」合わせて四四・六％）。

これをどう評価すべきなのか。リスクは薄々感じつつも、対策を講じることよりも営業が優先なのか。いずれにしても、企業独自の対策の視点からも、いざという時にスムーズに社員が帰国できる状況にないということは言えよう。

中国における日本人約十一万人の存在は、日本が中国に弱みを握られていることに等しく、これが政治的圧力となって、弱腰外交につながらないよう、企業経営者が中国における事業を他国等に移転できるインセンティブを与え、企業の「対中依存度を下げる」機会を増大させていくべきである。もちろん、日本の経済発展のため、約十四億人の中国市場を捨てる案はないであろうから、平時においてこの市場を最大限活用しながらも、情勢が緊迫した段階で、いかに損失を少なくして切り離していくかも含め、経済界とともに検討することが欠かせない。

また、台湾有事には、石油、ＬＮＧや石炭、そして食糧の主要輸入ルートである南シナ海は、タンカー、貨物船は航行できないことになる可能性が極めて高い。南シナ海は、中国が核心的利益として、その制海権・制空権を保持しようとしてきた。スカボロ礁をはじめとする七つの環礁を軍事基地化して、戦闘機等の配備を進めている。近い将来、この海を聖域化して中国の自由となる海とし、この海域に潜ませた原子力潜水艦発射の弾道ミサイルにより、米国本土を狙える態勢をとろうとしている。

二〇二二年十一月に発表された米国防総省による中国の軍事報告によれば、射程一万キロ以上の潜水艦発射弾道ミサイル「ＪＬⅢ」の配備が始まったとされている。南シナ海から米本土に届くミサイルを多く持てば、これまでのように、米国の攻撃型原子力潜水艦が待ち受ける太平洋にわざわざ出ていく必要もない。このためにも、中国は南シナ海を自国の内海化しようとしている。

二〇二二年八月二日の夜、ペロシ米下院議長を乗せた政府専用機は、マレーシアの空港を離陸した後、南シナ海を避けて南から迂回し、ボルネオ上空・フィリピンの南から台湾に向かっている。またこの政府専用機を防空支援する米空母機動艦隊も、シンガポールを出港後、南シナ海を北上し、途中からバシー海峡（台湾とフィリピン間）を避けてフィリピン国内の海峡を通峡し、台湾近海に進出している。既に、南シナ海は、情勢が緊迫して以降、米国を含め、中国以外の国が自由に航行・飛行できる地域になっていないとみるべきだろう。

また、八月四日以降の中国による重要軍事演習においては、南シナ海の出口であるバシー海峡に演習区域を設けている。この区域の意味は、米シンクタンクCSISの分析によれば、有事、バシー海峡を封鎖し、またこの海底に横たわる海底ケーブルをも切断できる可能性を指摘している。

エネルギー供給の約八三％を、化石燃料（石炭・石油・ガス）輸入に依存し、そのうちのほとんどが南シナ海航路で入ってくる現状（二〇二一年度、資源エネルギー庁資料から）からも、台湾有事となった場合、南シナ海が使えないことを念頭にしたエネルギー確保策が不可欠だ。輸入したエネルギー資源を備蓄する貯蔵施設や、輸入に利用する港湾等は、有事、攻撃されることを想定においたエネルギー安全保障についても、今後速やかに強化を図っていく必要がある。

真の同盟国と言える日米関係を強化

安倍総理のイニシアティブの下、限定的な集団的自衛権の行使を含む平和安全法制が成立し、日米同盟は共に守りあえる関係となった。今回の戦略三文書と抜本的な防衛力の強化により、日米同盟は戦後最も強固で強い抑止力を持つこととなる。特に、昨年日米両国が国家防衛戦略を策定し、それぞれの戦略を擦り合わせて、防衛協力を統合的に進めていくこととしたことは意義深い。国家防衛戦略では、「我が国の防衛戦略と米国の国防戦略は、あらゆるアプローチと手段を統合させて、力による一方的な現状変更を起こさせないことを最優先とする点で軌を一にしている。これを踏まえ、即応性・抗たん性を強化し、相手にコストを強要し、我が国への侵攻を抑止する観点から、それぞれの役割・任務・能力に関する議論をより深化させ、日米共同の統合的な抑止力をより一層強化していく」としている。この統合的な抑止力の強化の観点からいくつか述べたい。

日本に対する核攻撃を抑止する力は、全面的に米国に頼り切っている。だからこそ、この米国による拡大抑止力の提供を確実にすることは極めて重要な課題だ。今回の戦略三文書には、国家安全保障戦略において、「米国との安全保障面における協力を深化させることと等により、核を含むあらゆる能力によって裏打ちされた米国による拡大抑止の提供を含む日米同盟の抑止力と対処力を一層強化する」とあり、またこれを受けた国家防衛戦略においては、「核抑止力を中心とした米国の拡大抑止が信頼でき、強靭なものであり続けることを確保するため、日米間の協議を閣僚レベルのものも含めて一層活発化・深化させる」と明記されている。これまで低調であった日米核抑止協議が深化し、閣僚レベルと言わず首脳レベルにおいて確約を取ることにより、有事、真に核抑止が機能する日米同盟になって欲しいと切に願う。

そのためにも、日本自身が真剣になる必要がある。しかし現状は、日本国内で核の議論すらできない状態だ。これでは、米国の真剣みが高まるとは思えない。

国民の核に関する理解を高めたうえで、日本がアメリカに期待すること、そして逆にアメリカが日本に期待することをしっかりと調整し、最終的に首脳レベルで核の傘を担保することが欠かせない。

安倍総理は、二〇二二年三月三日、自民党内派閥の会合において、アメリカの核兵器を同盟国で共有して運用する「核共有」について、NATOに加盟している複数の国で実施されているとして「ウクライナがNATOに入ることができていれば、ロシアによる侵攻はおそらくなかっただろう」と指摘した。そのうえで、「我が国はアメリカの核の傘のもとにあるが、いざという時の手順は議論されていない。非核三原則を基本的な方針とした歴史の重さを十分かみしめながら、国民や日本の独立をどう守り抜いていくのか現実を直視しながら議論していかなければならない」と強調した。

この核共有の話が出た直後、TBSが行った世論調査によると、「核共有に向けて議論すべきだ」が一八％、「核共有すべきでないが、議論すべきだ」が六〇％だった。合わせると「議論すべきだ」というのは七八％。また産経新聞が実施した世論調査では、「核共有に向けて議論すべきだ」が二〇・三％、「核共有すべきでないが、議論すべきだ」が六二・八％。合計すると「議論すべきだ」は八三・一％。どちらの調査にしても、国民の八割が議論したほうがよいという意見だった。

ところがその後の自民党国防部会において、宮澤博行部会長は「議論はしない」として、一日で議論を終わらせてしまった。大変残念であるし、民意を無視していると言っても過言ではないだろう。

日本としての核共有にはいろいろな案が考えられる。もちろん、NATOのように米国の核兵器を自国の領土に置いて保管する案、つまり核爆弾搭載可能な空自のF－35を三沢基地に配備し、米国の核を米軍三沢基地において共有するというのはある。しかし、これは戦略的にも作戦的にも、あまり効果が期待できない。

横須賀などに原子力潜水艦が一時的に寄港するというのも一案としては挙がる。しかし、米海軍及び米国の核コミュニティにおいても、そのような考えはないと聞いている。米海軍としては、核搭載の原子力潜水艦をわざわざ遠く日本まで派遣することはなく、米本土から隔離することはないということらしい。

ＡＵＫＵＳ（オーカス＝米英豪の安全保障枠組み）の形を日本にも適用し、ＪＡＵＫＵＳ（ジョーカス＝日米英豪）の枠組みで、イギリスが保有するような原子力潜水艦を持つという案もある。また、核の傘を確実にかぶせるための最終的な手段として、自民党の茂木敏充（もてぎとしみつ）幹事長が発言された、核を物理的に共有するのではなく、たとえばポーランドのように、核抑止力の意思決定を共有する仕組みを作ることも考えられる。

これらは考えるべき価値があると思うが、議論をしなければ結論を導くことはできないし、結果として日米関係の強化にも繋がらない。国民も議論を望んでいる状態において、改めて政治の場で議論を始めることを切に願っている。

また核抑止のみならず、日米同盟が真の同盟と言える関係に成熟するためには、具体化すべき課題が多い。国家安全保障戦略、国家防衛戦略にも記述されているが、たとえば、①日米共同の抑止力・対処力の強化に関して、日米共同による宇宙・サイバー・電磁波を含む領域横断作戦を円滑に実施するための協力および相互運用性を高めるための取組、②我が国の反撃能力に関し、情報収集を含め、日米共同でその能力をより効果的に発揮する協力態勢を構築、③防空、対水上戦、対潜水艦戦、機雷戦、水陸両用作戦、空挺作戦、情報収集・警戒監視・偵察・ターゲティング（ＩＳＲＴ）、アセットや施設の防護、後方支援等における連携の強化、④日米共同計画に係る作業等を通じた、運用面における緊密な連携の確保、⑤より高度かつ実践的な演習・訓練を通じて同盟の即応性や相互運用性を始めとする対処力の向上、⑥核抑止力を中心とした米国の拡大抑止が信頼でき強靱なものであり続けることを確保するため、日米間の協議を閣僚レベルのものも含めて一層活発化・深化、⑦平素からの日米共同による取組として、共同ＦＤＯや共同ＩＳＲ等をさらに拡大・深化、⑧日頃から、日米双方の施設等の共同使用の増加、訓練等を通じた日米の部隊の双方の施設等への展開等の促進などを推進する旨（むね）記述されている。

まさに実施すべきことが山積しているが、これを着実に実行に移していくこと自体が、中国に対する抑止に繋がる。これらの課題解決を促進させるためにも、二〇二二年十月に米国側、そして十二月に日本側の戦略体系が出そろったタイミングにおいて日米の認識を整合させていくことが重要だ。このためには、図2のように戦略・作戦の整合を加速していく必要がある。「国家防衛戦略」にも「それぞれの役割・任務・能力に関する議論を深化させ、日米共同の統合的な抑止力をより一層強化していく」と記述されているように、特に反撃能力に関しての日米協力の在り方に関し議論を深め、その結果を有事における日米の共同作戦計画に反映していくことが重要だ。

この観点において、二〇二三年一月十二日(日本時間)に進化があった。この日、日米双方の外務・防衛大臣が参加した2+2(日米安全保障協議委員会)において協議が行われた。日米それぞれの戦略が出そろったこの最適のタイミングにおいて、日米安全保障政策に関し最も高いレベルで協議の場が持たれたことは、スピード感ある日米同盟強化の意志の表れであり極めて適切だ。これは日米の安全保障協力の強化策を話し合う会議体の中で最高レベルに位置づけられる枠組みだ。最近では二〇〇六年に在日米軍の再編計画を合意し、二〇一五年には日本が平和安全法制の制定により、集団的自衛権の行使を限定容認したことを踏まえ、日米防衛協力の指針を十八年ぶりに改訂した。二〇一九年の協議ではサ

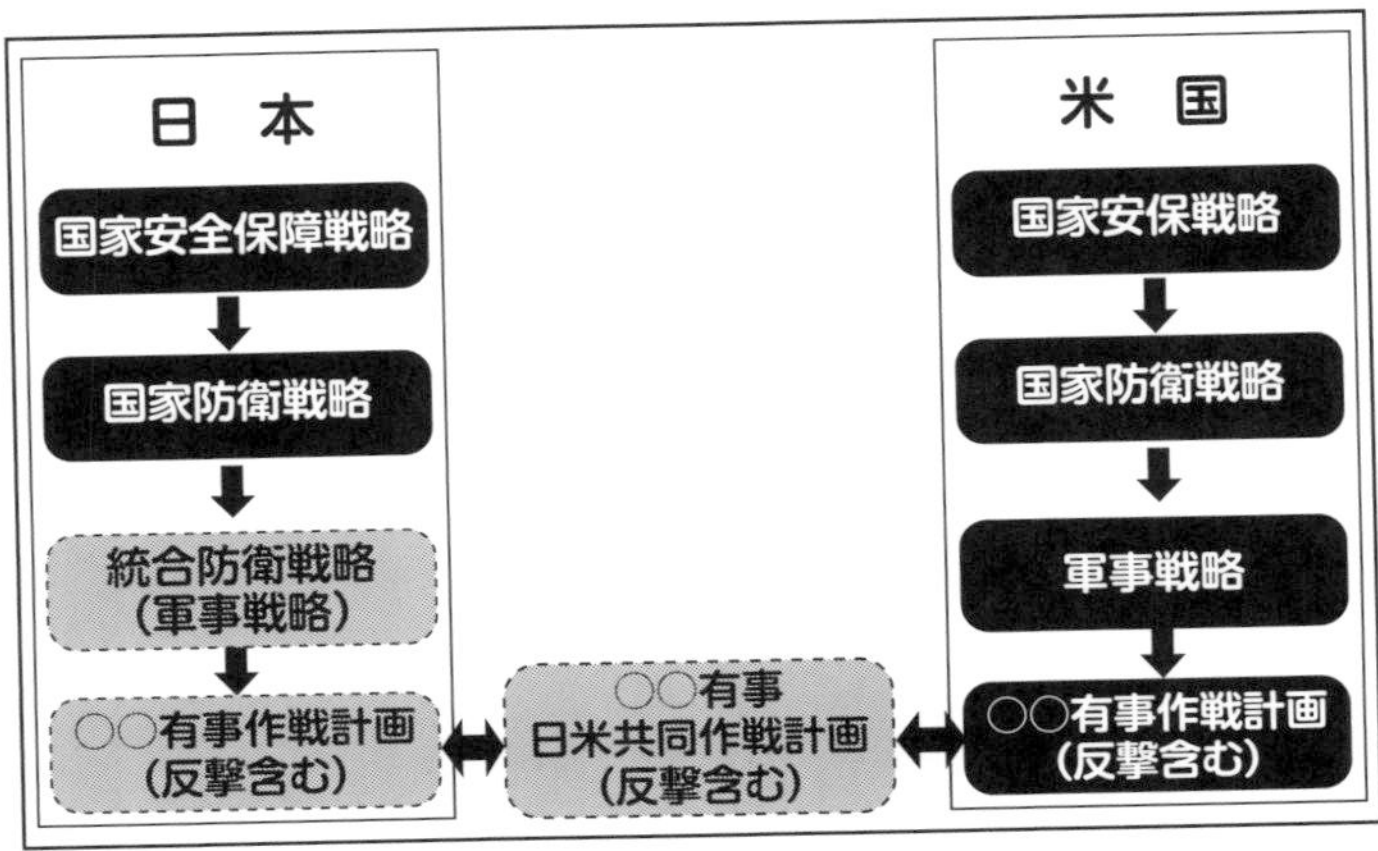

図2

イバー空間への対日防衛義務の適用を初めて確認している。

今回の協議後、その成果が共同発表されたが、次のように評価できる。

◆中国の対外政策を「日米同盟及び国際社会全体に対する深刻な懸念」とし、インド太平洋及び世界において「最大の戦略的挑戦」と位置付けるなど、北朝鮮・ロシア情勢も含めた地域情勢認識の共有が図れたことは、日米協力の前提認識として適切だ。また、台湾海峡の平和と安定維持の重要性を改めて表明したことも、中国に対する抑止の観点から意義が大きい。

◆日米双方の国家安全保障戦略、及び国家防衛戦略に示されたビジョン、優先事項及び目標がかつてないほど整合したことを確認したことは、同盟強化における歴史の中でも最高度の連携がとれることを意味している。

◆米国が、日本の反撃能力の保有を含めた防衛力を抜本的に強化しようとする日本の国家安全保障政策を、同盟の抑止力を抜本的に強化する重要な進化として強く支持するとともに、その効果的な運用に向けて日米間の協力を深めることを決定したことは重要である。

◆米国が、日本を含むインド太平洋地域における戦力態勢を最適化するため、その能力を前方に展開するとともに、日本がこの計画を支持することは重要である。特に、沖縄所在の第十二海兵連隊を、後述する米海兵隊改革構想「遠征前方基地作戦：EABO」に基づき、第十二海兵沿岸連隊へ改編することは、日米の共同抑止力を強化することとなる。今後の協力の具体化が重要だ。

◆これまで審議官級レベルであった、日本に対する米国の拡大抑止協議に関し、閣僚間で突っ込んだ議論を実施したことは大きな進化である。また、今後のハイレベル協議での実質的な議論を深めていく意図を改めて共有したことも重要だ。

◆自衛隊の嘉手納(かでな)弾薬庫地区の追加的な施設の共同使用をはじめ、南西諸島を含む地域において、日米の施設の共同使用を拡大し、共同演習・訓練の増加にコミットする点は、台湾有事に備えた抑止力強化において重要だ。
◆宇宙空間において、対日防衛義務の適用を確認したことは、二〇一九年の2＋2で、サイバー攻撃に対して同様の確認をしたことに続くものであり、戦争形態の進化に適応したものと評価できる。

共同声明には、「新たな戦略に従い、閣僚は、現在及び将来の安全保障上の課題に対処するため、同盟の役割及び任務を進化させ、また、相互運用可能で高度な能力を運用するための作業を加速させることを決定した」とあり、今後、真に機能する日米同盟に強化されることを期待している。

ところで、戦略・作戦の整合や共同作戦計画と言っても、一般の方にはイメージが湧きにくい部分があるかもしれない。反撃力に関しては既に簡単に触れたが、作戦レベルにおいて今後具体化してくべき事項に関し、先ほど少し触れた、米海兵隊の改革との整合を一例に説明しておきたい。

海兵隊は二〇一九年頃以降、二〇三〇年を目標にした改革の構想「遠征前方基地作戦：EABO」(Expeditionary Advanced Base Operations) の具体化を図り、海兵隊の役割と戦略を大きく変更した。新たな海兵隊は、中国軍の各種火力の射程圏内にある第一列島線に踏みとどまる「圏内部隊」(Stand-In Force)となり、対艦火力という「長い槍(やり)」を備え、米海軍との密接な協力の下、中国軍の海洋進出を拒否する態勢を確立する。同時に他軍種も含めた米統合軍全体の前方の「目」として、各種ドローンも活用しつつ中国が何をしているのか全て監視し、必要があれば統合火力発揮のための目標も収集することを重視している。

情勢が緊迫したら、数多くのチーム(五十名から百名)を日本を含む第一列島線の島々に配備して中国の侵攻を探知し、火力を使って中国の艦隊を撃破するという作戦をとろうとしている。この作戦を実行するのが一千八百～二千名の海兵沿岸連隊であり、現在沖縄に所在する第十二海兵連隊を二〇二五年までに、この海兵沿岸連隊に改編する計画だ。

この海兵隊の作戦と自衛隊の南西諸島の防衛作戦を整合して、共に第一列島線を守る共同連携体制を確立することが重要だ。このためには、いざという時に、いつ、どこで、どのように海兵隊を受けいれ、その際、陸自部隊とどのように連携させていくかを調整しておくことは欠かせない。加えて、日米ともに必要となる、弾薬・燃料・食糧や、輸送手段などに関しても日米でどのように融通(ゆうずう)、連携させていくかまで計画化することが、真に抑止できる日米共同関係となる。

国家戦略体系の強化

重ねて付言するが、今回の戦略三文書は、戦略体系的にも歴史的な転換となった。これまでは、戦略三文書とは、国家安全保障戦略、防衛計画の大綱、中期防衛力整備計画であった。この国家安全保障戦略（国家安保戦略）は平成二十五年（二〇一三年）、第二次安倍内閣が、戦後、初めて策定したものだ。これは、日本の国益とは何か、また国益達成のための目標を定め、その目標達成のため、我が国がとるべき外交政策及び防衛政策を中心とした国家安全保障上の戦略的アプローチを定めたものだ。

日本には、二〇一三年に至るまで国家戦略は存在しなかった。安倍総理の祖父、岸信介総理（当時）が一九五七年に「国防の基本方針」を閣議決定したが、これは僅か一ページ、二百八十四字という、まさに指針的なものでしかなく、戦略というものではなかった。戦後長きにわたり、我が国は国家戦略さえ持たずに経済偏重で突っ走ってきたことが理解できる。この状態を改革したのが安倍元総理である。二〇一三年安倍内閣は「国家安全保障戦略」を閣議決定した。

　今回の国家安全保障戦略においては、二〇一三年の安保戦略をさらに進化させ、外交力、防衛力のみならず、経済力、技術力、情報力をも含めた総合的な国力を用いて、戦略的に目標を達成しようとしたところに、時代の趨勢を反映している。二〇一三年において、国家安保戦略を踏まえて向こう約十年を念頭に策定されたのが防衛大綱であり、防衛大綱に従い五年間の防衛力の整備内容を定めたものが中期防衛力整備計画である。このように三つの文書が体系的に整理された現在のような形になったのは、二〇一三年に国家安保戦略が定められて以降のことである。

　防衛大綱、中期防ともに、防衛力整備に関して計画するものではあるが、同時に、防衛力を抑える意味合いも含まれていた。しかし今回は、このような過去から完全に脱却し、防衛力の抜本的強化を目的として、その実現を図る「国家防衛戦略」と「防衛力整備計画」となった。具体的には、防衛大綱という静的に防衛力を整備していく大綱から、国家安保戦略を踏まえ、「国家防衛戦略」として、防衛の目標を定め、それを達成するための方法と手段を示す戦略として生まれ変わった。

　また、中期防衛力整備計画も、これまでの「歯止め」「上限」としての性格を撤廃し、「国家防衛戦略」を具現化するため、五年間において必ず保有すべき防衛力の水準を示す「防衛力整備計画」として変化した。国家戦略なき時代、そして防衛大綱、中期防という歯止めの中で現役時代を過ごしてきた者として、賞賛と敬意、そして感謝の意を表したい。

しかし、これで国家の戦略体系が在るべき姿になったとは言えない。国家安全保障戦略は総合的な国力を結集して国益を達成しようとしているが、図3のような、国家としての、サイバー防衛戦略・計画、宇宙戦略（宇宙基本計画は存在する）、技術研究開発戦略・計画、情報強化戦略・計画、国土強靭化戦略・計画、国民保護戦略・計画、邦人保護戦略・計画なども必要だろう。まさに守るべき対象を政治・経済・技術・情報など非軍事を含む国家全体の機能に拡大しなければ国益が達成できない以上、それらを総合的に推進する国家として戦略や計画を今後策定していくべきである。

そのためにも、これらの戦略・計画の策定や、実行を司り、関係省庁等を一体化して推進していく組織は不可欠である。いわゆる「国家総力戦」を統制する内閣官房の強化が必要であり、併せてその司令塔たるＮＳＳ（国家安全保障局）の権限強化と強いリーダーシップが重要だ。このリーダーシップのもと、関係省庁が責任感を持って戦略の具体化を図り、全省庁挙げて安保戦略に魂を入れていくことが必要だ。

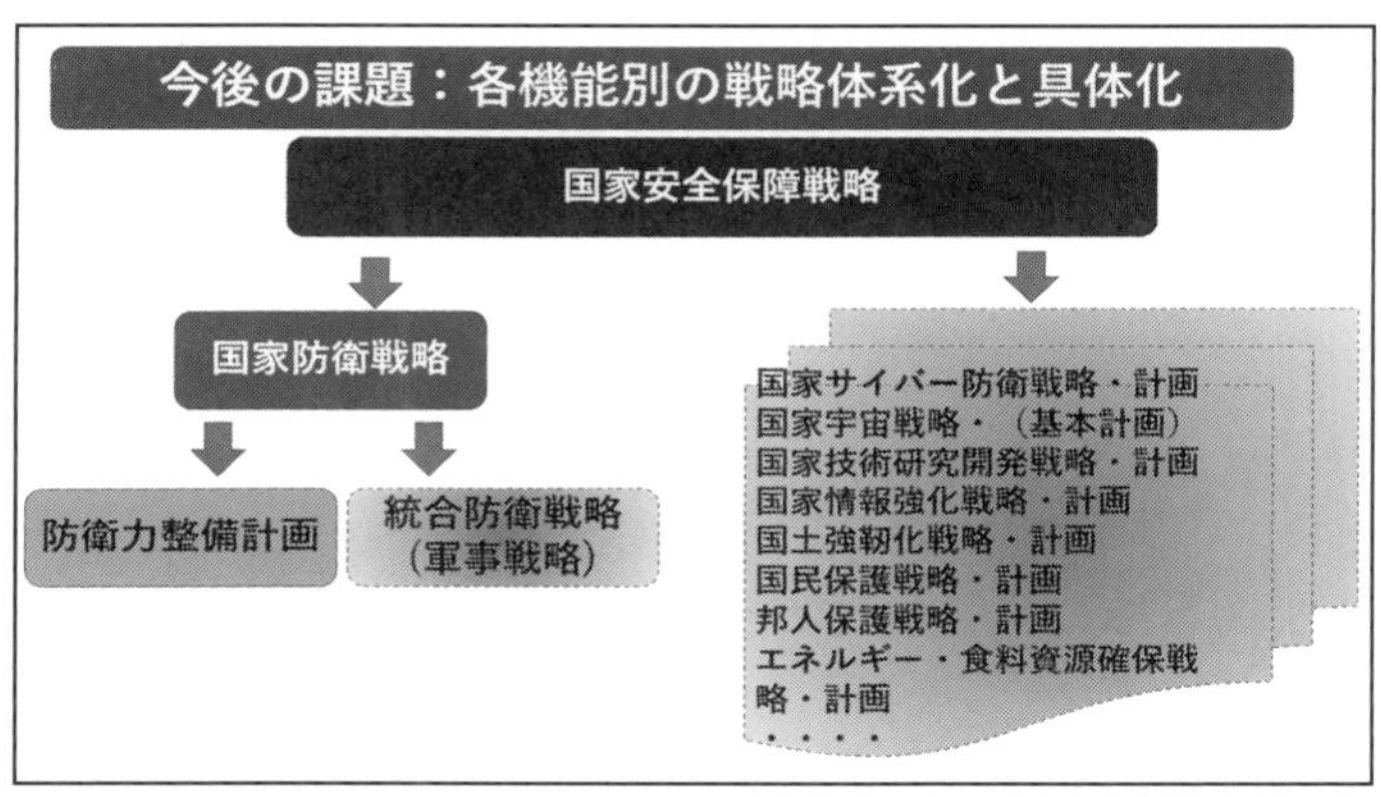

図3

また、作戦面における戦略体系の観点において、さらに進化を期待したいという点を付け加えておきたい。防衛力整備という観点では既に述べたように あるべき姿になったが、米国の軍事戦略と同様、国家防衛戦略を作戦面において具体化した軍事戦略（統合防衛戦略）というものが必要と認識している（図4参照）。国家防衛戦略では、「抜本的に強化された防衛力は新しい戦い方に対応できるものでなくてはならない」「戦略三文書に示された方針、さらにこれらと整合された統合的な運用構想により、我が国の防衛上必要な機能・能力を導き、その能力を陸上自衛隊・海上自衛隊・航空自衛隊のいずれが保有すべきか決めていく」とされた。ここにいう「新しい戦い方」に対応した防衛力を構築するための「統合的な運用構想」とは、軍事戦略のようなものであ

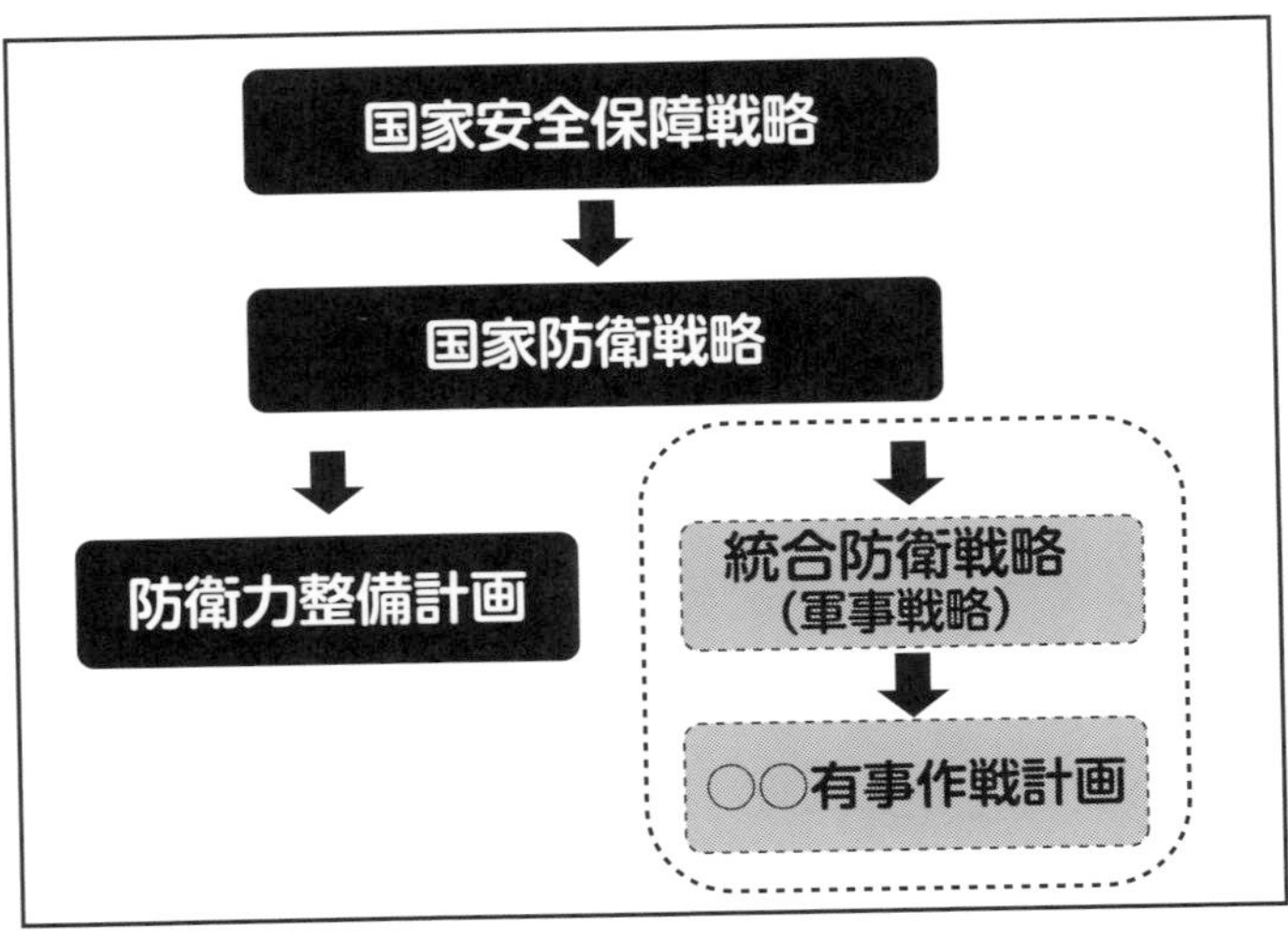

図4

ろうと筆者は認識する。

岸田総理は二〇二二年、年末の記者会見で、「昨年末から十八回のNSC（国家安全保障会議）四大臣会合での議論を重ねた」「防衛力強化を検討する際には、各種事態を想定し、相手の能力や新しい戦い方を踏まえて、現在の自衛隊の能力で我が国に対する脅威を抑止できるか。脅威が現実となったときにこの国を守り抜くことができるのか。極めて現実的なシミュレーションを行いました」と述べたが、総理の下で、防衛省内の戦略や事態想定の議論がしっかり行われたものと認識する。今後、更に戦略体系の充実・強化が図られ、それに基づく政府内での議論が継続していくことを期待する。

日豪、日米豪、QUAD、FOIP同志国連合の多層化を図る

中国の弱みは、同盟国がないことだ。この弱みを拡大するためには、日米同盟の強化を核心としつつ、日豪・日米豪・QUAD（日米豪印）、FOIP（自由で開かれたインド太平洋構想）など、価値観を共有する有志連合を強化・拡充していくことが効果的である。

FOIP構想はインド太平洋諸国を束ねて味方につけることにある。それぞれの国が共有できる『フリー・オープン』の価値観で、各国が大同団結できる環境を作り上げたことに意義がある。裏を返せば、中国が入れない環境を作り、中国を取り囲んで悪さができないようにするという考え方だ。

またQUADは、インドを中国・ロシアという体制側につかせないことに意義がある。中国、ロシア等の権威主義国家に対峙するため、自由、民主主義、人権、法の支配という価値観を共有する有志連合の結束が重要であり、小異に拘らず大同団結させ、さらに深化・拡充していく方策を検討していく必要がある。その中核となるのが日米同盟であり、それを補う日米豪および日豪の準同盟関係。日米を核、日米豪を準中核として、「QUA

D」でインドをつなぎ止め、「FOIP」でインド太平洋諸国を束ねるという構想の下、それぞれが活性化していくことで、結果的にこの地域の紛争を抑止すべきだ。

これまで述べてきたとおり、今回の戦略三文書は、我が国安全保障政策における戦後最大の転換を図るものであり、我が国を取り巻く戦略環境の悪化に対応し、我が国を確実に守り切る戦略体系がそろったと改めて評価したい。しかし、重要なのはこれからである。

二〇二二年十二月二十日、浜田防衛大臣は、定例閣議後の記者会見において、「厳しい安全保障環境に対応していくために必要な防衛力の抜本的強化を実現し、真に国民を守り抜ける体制を作り上げる、戦後の防衛政策の大きな転換点となる戦略文書ができたと考えております。他方、防衛省・自衛隊の取組は、戦略文書を策定して終わりではなく、スタートラインに立ったところであります。自衛隊が国民を守る最後の砦としての責務を完遂できるよう、そして、国民の期待と信頼にしっかり応えられるよう、防衛力の抜本的強化を必ず実現していくとの決意をもって、取り組んでいく必要があると考えておるところであります」と述べている。まさに防衛力強化のスタートラインに立ったに過ぎない。これから戦略が絵に描いた餅にならないよう、戦略実現に向け、関係者の努力と執念、そして国民の理解、後押しが欠かせない。

おわりに

ウクライナの最大の失敗はなにかと問われれば、「戦争を抑止できなかったこと」と答えたい。ゼレンスキー大統領は、今でこそ英雄扱いされているが、侵略させてしまったという点において真の英雄と言えるだろうか。本書では、いかにして「戦争を抑止する」かを述べてきたつもりである。

「愚者は経験に学び、賢者は歴史に学ぶ」、これはドイツの鉄血宰相オットー・フォン・ビスマルクの言葉だ。「愚者」は自分で失敗した経験に学び、同じ失敗を繰り返さないようになる。しかしこれでは、経験したことからしか学べない。他方、「賢者」は自分が経験できない歴史から多くの学びを得ることで、失敗をより少なくするということだ。

ロシア・ウクライナ戦争の歴史はまだ続いているが、日本は、その歴史を本当に学んでいるだろうか。また、これまで習近平主席が国際社会や国内において示してきた行動の実態から学んでいるだろうか。そしてそれらから、何を活かそうとしているだろうか。

今、日本は戦後の歴史の中で、最も大きな岐路に立っている。台湾・日本を第一線にした米中新冷戦の真っただ中に立たされ、進むべき道を誤れば、最悪の場合、日本人の命に関わり、領土さえもが中国の手中に入ることにもなりかねないことは既に説明した。今、日本に問われているのは、中国に正面から向きあう覚悟、そしてそのうえで、我が国独自の防衛力強化と、更なる日米同盟強化に対する本気度である。

一九七二年の日中共同声明以降、台湾との関係に関して日本は、中国への遠慮が先行してきた。しかし、日本の国益と国民の命を守るという観点から、共同声明の真の趣旨を改めて政治として再確認すべき時期にある。台湾が中国の一部であるという中国の主張は「理解し尊重する」ものの、もし中国が武力行使に出た場合は、それは共同声明の前提から外れることになるとの認識を共有し、台湾海峡の平和と安定のために、必要な準備をすることに一歩踏み出すべきである。まさにルビコン川を渡る覚悟があるかどうかが問われている。中台紛争生起に備え、中国に正面から向き合う覚悟がなくては、「真に国民の命を守り抜く」ことはできない。台湾有事を対岸の火事とせず、台湾の現状が維持されることが日本の国益になるとの認識を持つことが重要だ。

私たち日本人は賢者になれるであろうか。その答えは、私たち一人ひとりの意識にかかっている。本書が少しでもお役に立てたなら望外の喜びである。本書の執筆を推めて頂いた、飛鳥新社花田紀凱編集長、および担当して頂いた佐藤佑樹さんにお礼を申し上げ、結びとしたい。

岩田　清文（いわた・きよふみ）

1957年生まれ。元陸将、陸上幕僚長。防衛大学校（電気工学）を卒業後、79年に陸上自衛隊に入隊。戦車部隊勤務などを経て、米陸軍指揮幕僚大学（カンザス州）にて学ぶ。第71戦車連隊長、陸上幕僚監部人事部長、第7師団長、統合幕僚副長、北部方面総監などを経て2013年に第34代陸上幕僚長に就任。2016年に退官。著書に『中国、日本侵攻のリアル』（飛鳥新社）、共著に『君たち、中国に勝てるのか　自衛隊最高幹部が語る日米同盟VS.中国 』（産経新聞出版）、『自衛隊最高幹部が語る令和の国防』（新潮新書）など。

中国を封じ込めよ！

2023年5月16日　第1刷発行
2023年6月2日　第2刷発行

著　　者　岩田清文
発 行 者　花田紀凱
発 行 所　株式会社　飛鳥新社
〒101-0003　東京都千代田区一ツ橋 2-4-3　光文恒産ビル
電話　03-3263-7770（営業）　03-3263-5726（編集）
http://www.asukashinsha.co.jp
装　　幀　DOT・STUDIO
印刷・製本　中央精版印刷株式会社

ISBN 978-4-86410-955-0

編集担当　佐藤佑樹　川島龍太　月刊Hanada編集部